· 饮 用 水 水 源 保 护 知 识 丛 书 ·

深圳市饮用水源保护管理办公室　资助项目

饮用水水源保护知识

高阶版

张修玉　滕飞达　马秀玲　肖敏志　胡习邦◎主编

中国环境出版集团·北京

图书在版编目（CIP）数据

饮用水水源保护知识：高阶版 / 张修玉等主编. --
北京：中国环境出版集团, 2022.5
（饮用水水源保护知识丛书）
ISBN 978-7-5111-5132-2

Ⅰ.①饮⋯ Ⅱ.①张⋯ Ⅲ.①饮用水－水源保护－
深圳－普及读物 Ⅳ.① X52-49

中国版本图书馆CIP数据核字(2022)第073881号

出 版 人	武德凯	
策划编辑	陶克菲	
责任编辑	林双双	
责任校对	薄军霞	
装帧设计	艺友品牌	

出版发行　中国环境出版集团
　　　　　　（100062 北京市东城区广渠门内大街16号）
　　　　　　网　址：http://www.cesp.com.cn
　　　　　　电子邮箱：bjgl@cesp.com.cn
　　　　　　联系电话：010-67112765（编辑管理部）
　　　　　　　　　　　010-67112739（第三分社）
　　　　　　发行热线：010-67125803，010-67113405（传真）

印　　刷	北京市联华印刷厂	
经　　销	各地新华书店	
版　　次	2022年5月第1版	
印　　次	2022年5月第1次印刷	
开　　本	880×1230 1/32	
印　　张	3.375	
字　　数	150千字	
定　　价	28.00元	

目录

第一章
饮用水水源基础知识

一、生命之源——水

水是生命之源。在地球上，哪里有生命，哪里就有水。一切生命活动都起源于水。

地球上的生命最初就诞生在海洋里，至今人类在胚胎发育过程中，从受精卵开始，一直到脱离母体，都在子宫的海洋——羊水里"游泳"。生物机体的主要组成部分是水，且所占比例最大：动植物体内含水量一般为60%～80%，有的高达90%以上，如水母含水量为95%；人的胚胎在发育3天时，含97%的水分，新生儿体内含水量达80%，成人体内水分维持在65%左右。正常情况下，成人每天要补充相当于自身体重5%的水分，人的一生要喝掉60～80 t（m^3）水。

水是人体内有机物和无机物的溶剂，人体的消化、吸收、造血、组织合成、新陈代谢等所有生化过程都是在水溶液中进行的；人体内的废物也是随水分排出体外的。一个健康的人，体内的水分处于平衡状态，即体内补充的水总是不断地改变自身的形态，一直循环着，在大海中变成水蒸气，在天空中成雨化雪，经过森林，渗入岩石和土壤，或以涓涓细流重见天光，或以喷薄的姿态喷涌而出，进入江河湖泊，最后回归大海，开始下一个轮回。

民以食为天，食以水为先，水可以直接被人体吸收，水中的矿物质元素参与人体的新陈代谢，对生命健康有着重要意义，人可数日不进食，但不可一日不饮水，严重缺水能致人休克甚至死亡，饮用不安全的水会引发传染病、癌症甚至导致死亡。

二、分布不平衡的水资源

说到水资源，我们必须清楚地区分水总量、淡水量、可利用淡水量以及实际利用淡水量这几个概念，因为人们往往会混淆这些重要的概念。

我们通常说的水资源，是指地球上的生命体能够直接利用的每升含盐量低于 1 g 的淡水。水是地球上最丰富的一种化合物。地球上的水总体积约为 13.86 亿 km^3，其中 97.3% 是海洋，每升含盐量超过 1 g 的海水约为 13.49 亿 km^3，地球表面的 71% 被水覆盖。由于含盐量过多，海水不能被陆地上的生命作为水源来利用，因此海洋虽是宝贵的资源，但海水却不是人类可以直接利用的水资源。

地球上的淡水量约为 3 700 万 km^3，仅占地球水总量的 2.7%，如此有限的淡水资源却以固态、液态和气态 3 种形式存在于陆地的冰川、地下水、地表水和水蒸气中，其比例分布大致是冰山、极地冰川占地球淡水总量的 77.2%，而这些淡水资源几乎无法被利用；地下水和土壤中的水占地球淡水总量的 22.4%，为 828.8 万 km^3，但一半的地下水处于 800 m 以下的深度，属于深层地下水，难以开采，而且过量开采地下水会带来诸多灾难性的问题；河流与湖泊水量占地球淡水总量的 0.36%，约为 13.32 万 km^3，是陆地上的植物、动物和人类获得淡水资源的主要来源；大气中水蒸气量为地球淡水总量的 0.04%，为 1.48 万 km^3，它以降雨的形式为陆地补充淡水。

如果以占地球总水量的比例来衡量，则冰山、极地冰川占

2.06%，地下水和土壤中的水占 0.6%，河流与湖泊占 0.0096%，大气中水蒸气占 0.0008%。因此，地球上的陆地生命真正能够利用的淡水资源仅仅是河流与湖泊和浅层地下水部分，仅有约 8 789km³，约占地球总水量的 0.000 63%，占淡水资源总量的 0.0237%。可见，虽然地球水量巨大，但实际可供开发利用的却很少，并且陆地上的淡水会因日晒而蒸发，或通过滔滔江流回归大海，地球可供陆地生命使用的淡水量更是微乎其微，不到地球总水量的十万分之一！水总量、水资源、可利用水资源比例为 157 697：4 210：1，因此陆地上的淡水资源十分紧缺。地球上可利用的淡水资源不仅少得可怜，而且空间和时间分布极其不平衡，这就是人们常说的区域性缺水和季节性缺水。

区域性缺水给全球发展带来极大的制约。从地区来看，巴西、俄罗斯、加拿大、中国、美国、印度尼西亚、印度、哥伦比亚和刚果 9 个国家的淡水资源占世界淡水资源总量的 60%。占世界人口总数约 40% 的 80 个国家和地区约 15 亿人口淡水不足，其中 26 个国家约 3 亿人极度缺水。预计到 2025 年，世界上将会有 30 亿人面临缺水，40 个国家和地区淡水严重不足。

季节性缺水带来的影响主要表现在农业生产方面。需要水的时候缺水，需水量少的时候洪水成灾。比如，我国西南地区贵州省的黔西南州，专家利用该州近 50 年的气象资料对降水量的时空分布特征进行分析，发现 5—10 月（雨季）降水量占年降水量的 82% ~ 85%，而每年 11 月到次年 4 月（旱季）的降水量只占年降水量的 15% ~ 18%，有长达 6 个月的少雨干旱期，即季节性缺水期。旱季有降水量减少、旱灾加重的趋势。再如，我国东南部江苏省的连云港市处于暖湿气候带，年降水量为 920mm 左右，全市地貌基本分为中部平原区、西部岗岭区和东部沿海区三大部分，每年 7 月 12 日前后进入主汛期。每年 6 月中旬前后，降水量减少、用水集中等众多因素造成的短期缺水现象越来越严重。如何超前筹划、合理调度、科学调整水稻插秧期间的农业、渔业生产规模，已经成为连云港地区无法回避的重要课题。

除此之外，资源性缺水、结构性缺水、工程性缺水，尤其是水质性缺水，逐渐加剧了水资源供需的矛盾。

资源性缺水，是指当地水资源总量减少，导致不能适应经济发展的需要，形成供水紧张的现象，如我国的京津冀地区、西北地区、辽河流域、辽东半岛、胶东半岛等地区。这种现象有人为造成的，也有自然环境的变化引发的。

结构性缺水，是指由于产业结构、产业布局不合理以及过度消耗或者浪费淡水资源造成的缺水。在水资源丰富的地区因为过度消耗淡水资源也会发生结构性缺水，在淡水资源相对贫乏的地区如果也存在结构性缺水的问题，矛盾就更突出。

结构性缺水又可分为原发性缺水和功能性缺水。原发性缺水，是指在某一个区域内地下水和地表水资源都比较缺乏，如襄樊市内的部分岗地就属于这种情况；功能性缺水，是指有一定的降水量或地表来水，但由于地貌特点，不能留存足够的饮用水或由于水体污染造成用水短缺，如江苏南部工业发达地区就存在这种情况，被称为"守在水边缺水喝"。

工程性缺水，是指特殊的地理和地质环境存不住水，或缺乏水利设施留不住水。从此种情形来看，地区的水资源总量并不短缺，但由于工程建设没有跟上，不仅对天然径流拦蓄少，而且水资源调控能力太薄弱，造成供水不足，这种情况主要分布在我国长江、珠江、松花江流域，西南诸河流域以及南方沿海等地区，尤以西南诸省最为严重。

2010 年西南地区大旱，暴露出水利基础设施薄弱的问题。

资金投入少，山地农村水源工程建设严重不足，农村病险水库多，农村水利设施老化失修严重，造成水库蓄水能力不足，农业用水效率极低，水利设施的抗旱作用得不到充分发挥。

水质性缺水是伴随工业化和人类社会的不断进步而产生的一种新的缺水类型。所谓水质性缺水，是指有可利用的水资源，但这些水资源由于受到各种污染、水质恶化而不能使用。西方发达国家大多经历了水质性缺水的过程，最终加大力度治理污染，局面才有所缓解。而当今世界上，许多人口大国，如中国、印度、巴基斯坦、墨西哥以及中东和北非的一些国家，都不同程度地存在水质性缺水的问题。

三、珍贵的饮用水水源

饮用水水源，也可以简称为"水源"，是指人们日常生活中饮用的水的来源地。简单地说，饮用水水源就是为了制作饮用水而被抽取的地表水（河流、湖泊）和地下水（地下河、水井）。如果将水资源比作"璞玉"，那么饮用水水源就是一块经过雕琢的精美"玉器"。

是不是所有的地表水都可以作为饮用水水源呢？不是，为了安全饮水，保障身体健康，国家对饮用水水源的水质要求非常严格。根据国家规定，水质达到Ⅲ类及以上标准的地表水才可以作为饮用水水源。

第二节 饮用水水源地的选取

饮用水安全的保障首先要从源头做起，第一步就是选择好的饮用水水源地。饮用水的水源地主要来自河流、湖泊地表水和地下水，水源地的选择需要在详尽调查以及分析供水水源和周边自然、人文、经济社会状况的基础上，综合考虑该水域的水文状况、水域功能、水质现状、污染状况及污染趋势等多种因素，将水源地设置在水量和水质有保证和易于实施水环境保护的水域及周边地区。

一、水源地水质要求

地表水水源地的水源水质应该符合《地表水环境质量标准》（GB 3838—2002）。该标准对我国的地表水按照用途进行了分级，并且对各级别需要符合的标准进行了详细说明。该标准依据地表水水域环境功能和保护目标，将地表水依次划分为五类：Ⅰ类主要适用于源头水、国家自然保护区；Ⅱ类主要适用于集中式生活饮用水地表水源地一级保护区、珍稀水生生物栖息地、鱼虾类产卵场、仔稚幼鱼的索饵场等；Ⅲ类主要适用于集中式生活饮用水地表水源地二级保护区、鱼虾类越冬场、洄游通道、水产养殖区等渔业水域及游泳区；Ⅳ类主要适用于一般工业用水区及人体非直接接触的娱乐用水区；Ⅴ类主要适用于农业用水区及一般景观要求水域。

由上述分类可见，作为饮用水水源地的地表水需优于Ⅲ类，这样的水源除了要符合《地表水环境质量标准》（GB 3838—2002)基本项目标准限值外，还要符合集中式生活饮用水地表水水源地补充项目标准限值、集中式生活饮用水地表水水源地特定项目标准限值。地下水水源地应该符合《地下水质量标准》(GB/T 14848—2017)的要求。该标准也对不同用途的地下水进行了分类，并制定相应的数据标准作为依据。该标准规定，根据我国地下水水质现状、人体健康基准值及地下水质量保护目标，并参照生活饮用水和工业、农业用水水质最高要求，将地下水质量划分为五类：Ⅰ类主要反映地下水化学组分的天然低背景含量，适用于各种用途。Ⅱ类主要反映地下水化学组分的天然背景含量，适用于各种用途。Ⅲ类以人体健康基准值为依据，主要适用于集中式生活饮用水水源及工业、农业用水。Ⅳ类以农业和工业用水要求为依据，除适用于农业和部分工业用水外，适当处理后可作生活饮用水。Ⅴ类不宜饮用，其他用水可根据使用目的选用。

　　各地在选择水源地时，要对水源地水质按照标准进行水质评价，只有符合以上标准的流域才能成为饮用水水源地。

二、水源地自然环境、水土环境要求

　　水源地周边的自然生态环境和水土环境是选择水源地时必须要考虑的因素。良好的自然生态环境可以帮助水源地增加水的涵养量，增强水体抗污染的自我恢复能力，并且可以进行更好的水源地生态恢复，保证水源地能够持续供水。水土流失是我国存在的严重的生态环境问题之一，它对于水源地来说是一个极大的安全隐患，不仅会将大量河沙带入水源地，缩小水源地水容量，而且会将大量污染物带入水中，导致水质被污染。在选择水源地时，应对周边环境进行考察，减少自然环境对水源地的潜在威胁。

三、水源地的经济社会状况要求

水源地的经济社会状况主要是考虑水源地周边的污染排放量以及污染趋势。对水源地的污染主要是城镇生活污水和工业废水，因此在选择水源地时不能定在城镇工业区或者城镇生活区附近，在考虑输水成本的同时配合城市发展的规划，要选择离生活、生产中心较远的郊区，以免水源地受到污染。

四、地表水水源地枯水流量要求

选择地表水为给水水源时，水源的枯水流量保证率需根据城市的性质和规模确定，并需符合国家有关标准和规定。当水源的枯水流量不能满足需求时，需采取多水源调节或调蓄等措施。

五、地下水取水量选择

选择地下水为给水水源时，地下水饮用水的水源开采需根据水文地质勘查，其取水量应小于允许开采量。

参考资料：

[1] 熊定国,徐庆,倪蔚佳.蓝色星球的尴尬:地球水资源危机及其应对 [M].北京:北京理工大学出版社,2015.

[2] 张修玉,李丹,范中亚.南亚热带饮用水水源保护区划分及优化调整方法与思路 [M].北京:中国环境出版集团,2021.

第一章
饮用水水源地的类型

饮用水水源地根据取水规模分为集中式饮用水水源地和分散式饮用水水源地。

集中式饮用水水源地是指进入输水管网送到用户和具有一定取水规模（供水人口一般大于 1 000 人）的在用、备用和规划水源地。依据取水区域的不同，集中式饮用水水源地可分为地表水饮用水水源地和地下水饮用水水源地。依据取水口所在水体类型的不同，地表水饮用水水源地可分为河流型饮用水水源地和湖泊、水库型饮用水水源地。深圳市水源地均为地表水饮用水水源地，大多为水库型饮用水水源地。

分散式饮用水水源地是供水小于一定规模（供水人口一般在 1 000 人以下）的现用、备用和规划饮用水水源地。根据供水方式可分为联村、联片、单村、联户和单户等形式。

第一节 河流型饮用水水源地

一、河流型饮用水水源地的分类

河流型饮用水水源地是指以河流为水源载体的水源地，主要有以下 3 种类型：

（1）非潮汐河段水源地：不受潮汐影响。

（2）潮汐河段水源地：受潮汐影响。

（3）拦河闸（坝）型水源地：用拦河闸（坝）横断河流，抬高水位形成的河流型水源地。

二、我国著名的河流型饮用水水源地

青海三江源

三江源位于青海省南部,是青藏高原的腹地,面积达 30.25 万 km²,约占青海省总面积的 43%。三江源是长江、黄河、澜沧江 3 条河流的发源地,由于长江总水量的 25%、黄河总水量的 49%、澜沧江总水量的 15% 都来自这一地区,因此被称为"三江源",素有"中华水塔"的美誉。

三江源的水主要来自昆仑山脉等的雪山冰川融化,长期保存在低温环境下,水质纯净,这种冰川融水进入地下后经过沙砾石层天然过滤达 50 年以上,富含多种矿物质元素,杂质少,水的味道非常可口、清醇。根据生态环境部门的监测,三江源区河流水质都能达到国家 II 类地表水标准,90% 以上的河流水质甚至能达到国家 I 类地表水标准。

贵州赤水河

赤水河经贵州省赤水市至四川省合江县,最终注入长江,是长江重要水源补给河流和珍稀特有鱼类国家级自然保护区,也是中国白酒的重要产区,年均产白酒 70 万 t。赤水河的颜色因季节而变化,端午节至重阳节,雨季来临,大量紫红色土入水,河水呈赤红色;而重阳节至次年端午节,雨量骤减,河水又恢复清澈透明。

集灵泉于一身,汇秀水东下。作为长江中上游唯一一条未被开发的一级支流,赤水河水质优良,微甜爽口,降解物少,硬度适中,水中含有一定量的矿物盐、微量元素,水质达到了国家 II 类地表水标准。好水才能产好酒,茅台就是用赤水河的水酿造而成的。

湖南澧水河

澧水位于湖南省西北部，是湖南省四大河流之一，径流模数居全省之冠，并以洪水涨落迅速而闻名。澧水流域面积达 18 496 km^2，其中湖南境内 15 736 km^2，澧水源绝大部分在张家界市境内。

澧水就是注入张家界的血液，恰似舞动的水袖，曼妙灵动，彰显着张家界的青春活力。多年监测表明，张家界市境内澧水干流的水质常年保持国家地表水 II 类标准，水质状况优良。

第二节 湖泊、水库型饮用水水源地

一、湖泊、水库型饮用水水源地分级

依据湖泊、水库型饮用水水源地所在湖泊、水库规模，将湖泊、水库型饮用水水源地进行分级（表2-1）。

表2-1 湖泊、水库型饮用水水源地分级

水源地类型		水源地类型	
水库	小型 $V<0.1$ 亿 m^3	湖泊	小型 $S<100\ km^2$
	中型 0.1 亿 $m^3 \leqslant V<1$ 亿 m^3		大中型 $S \geqslant 100\ km^2$
	大型 $V \geqslant 1$ 亿 m^3		

注：V 为水库总库容；S 为湖泊水面面积。

二、我国著名的湖泊、水库型饮用水水源地

长白山天池——"世界黄金水源带"

全球天然矿泉水在地理分布上主要集中在北纬36°～46°地带，被誉为"世界黄金水源带"，这一纬度带的高海拔地区，远离人类污染，自然环境和地质条件独特，降水、冰雪融水历经多年的岩层天然过滤，造就了享誉世界的珍稀水源带。阿尔卑斯山（北纬44.9°～47.8°）、北高加索地区（北纬45.2°～46.9°）、长白山（北纬41.35°～42.25°）被国际饮水资源保护组织列为全球三大天然矿泉水富集地。地球表面71%

是水，但只有 1% 是饮用水，而"世界黄金水源带"仅占饮水储量的万分之一，稀有及珍贵程度不言而喻。

　　长白山天池坐落在吉林省东南部长白山自然保护区内，位于长白山主峰火山锥体顶部，这是一座休眠火山，火山口积水成湖，夏融池水比天还要蓝，冬冻冰面雪一样白，被 16 座山峰环绕，仅在天豁峰和龙门峰间有一狭道池水溢出，飞泻成长白瀑布，这是松花江的正源。

长白山天池

　　长白山天池海拔 2 189.1 m，略呈椭圆形，南北长 4.4 km，东西宽 3.37 km。水面面积 9.82 km^2，水面周长 13.1 km，平均水深 204 m，最深处达 373 m。总蓄水量 20.4 亿 m^3。天池像一块瑰丽的碧玉镶嵌在雄伟的长白山群峰中，是中国最大的火山湖，也是世界上最深的高山湖泊。

长白山天池附近有著名的温泉群，温泉水温接近 90 ℃，仅需 20 分钟就可以把鸡蛋煮熟；在长白山温泉旁边，还分布着许多冷矿泉，哪怕在夏天，冷矿泉的水温也不到 10 ℃，但是在 -20 ℃ 的冬天也不封冻。这一冷一热并存的泉水现象，是长白山的标志性特征。长白山矿泉水资源储量非常丰富，已探明的矿泉水水源地有 180 多处。

万绿湖——"华南地区第一大湖"

万绿湖风景区位于广东省河源市东源县境内，距河源市区 8 km，它作为华南地区最大的人工湖，是 1958 年筹建新丰江电厂时，在新丰江流经的最窄山口——亚婆山峡谷修筑拦河大坝蓄水形成的。

如今，万绿湖是华南最大的生态旅游名胜，因四季皆绿、处处皆绿而得名。总面积约 1 600 km^2，其中水域面积 370 km^2，蓄水量约 139 亿 m^3，湖中有 360 多个绿色岛屿，周围有湖岸群山，岛上树木大部分是亚热带原始次生常绿阔叶林，动植物种类资源丰富，生态环境优美。此外，万绿湖是广东、香港的重要饮用水水源，湖水汇入东江，哺育着下游流域的河源周边、深圳、东莞及香港特别行政区约 4 000 万人口，为多个城市提供了优质饮用水资源，并入选首批"中国好水"水源地。

万绿湖生态环境清新优美，湖水来自青翠的山林，水质清澈纯净无污染，达到国家 I 类地表水标准，用这种湖水做豆腐、酿酒或者泡茶，都格外清香。水质好是万绿湖的魅力所在，它有高原湖泊的秀丽，但没有高原的交通艰难和气候寒冷，集"水域壮美、水质纯美、水性恬美、水色秀美"于一身。万绿湖与云南的西双版纳、肇庆的鼎湖山齐名为地球北回归线上沙漠腰带的"东三奇"。

万绿湖

丹江口水库——"中国水都"

丹江口水库位于汉江中上游，分布于湖北省丹江口市和河南省南阳市淅川县，由 1973 年建成的丹江口大坝下闸蓄水后形成，水域横跨鄂、豫两省，由汉江库区和丹江库区组成，是亚洲第一大人工淡水湖，也是国家南水北调中线工程水源地、国家一级水源保护区、中国重要的湿地保护区、国家级生态文明示范区。

丹江口水库多年平均入库水量为 394.8 亿 m^3，水源来自汉江及其支流丹江。水库多年平均面积为 700 多 km^2，2012 年丹江口大坝加高后，丹江口水库水域面积达到 1 022.75 km^2，蓄水量达 290.5 亿 m^3，被誉为"亚洲天池"。

丹江口水库的水质连续 25 年稳定在国家 II 类以上标准，水质保持优良。2014 年 12 月 12 日，丹江口水库开始向南水北调中线工程沿线地区的北京、天津、河南、河北 4 个省（市）的 20 多座大中城市提供生活和生产用水。丹江口大坝附近水质清澈，水面宽阔，风平浪静，水库具有防洪、发电、灌溉、航运、养殖、旅游等综合效益。

丹江口水库

千岛湖——"天下第一秀水"

千岛湖位于浙江省杭州市淳安县境内，实际上千岛湖是一个人工湖，又称新安江水库，当库区的蓄水量上升后，淹没了四周原本的小山，小山就变成了湖中的小岛，造就了现在的千岛湖。千岛湖水在中国大江大湖中位居优质水类之首，水质达到国家 I 类地面水标准，被誉为"天下第一秀水"。1984 年 12 月 15 日，浙江省地名委员会正式将新安江水库命名为"千岛湖"。千岛湖大部分水域水深数十米，绵延百余千米，储水量能够达到 178 亿 m³，湖区总体水质持续保持I类标准，在全国61个重点湖泊中名列前茅，是名副其实的大型水库型饮用水水源地。

千岛湖

第三节 地下水饮用水水源地

一、地下水饮用水水源地的分类

按含水层介质类型的不同，可将地下水分为孔隙水、基岩裂隙水和岩溶水三类；按地下水埋藏条件的不同，地下水可分为上层滞水、潜水和承压水三类；按开采规模的不同，地下水水源地又可分为中小型水源地（日开采量＜5万 m³）和大型水源地（日开采量≥5万 m³）。

二、我国著名的地下水饮用水水源地

巴马山泉水——"长寿之乡源泉"

广西巴马独特的喀斯特地形生成的山泉水，有"营养水"和"磁力水"之称，水系发达，暗河密布，在数亿年的喀斯特地层中形成了"巴马寿珍泉"，创造了四次进入地下潜行，又四次流出地表的自然奇观，独特的流程使之富含各种有益于人体健康的矿物质和微量元素。此外，巴马山泉水在众多水品中，具有较强的溶解力、渗透力、扩散力、代谢力、乳化力、洗净力，有利于人体的吸收和细胞的新陈代谢，还可以增强人体免疫力，属于小分子团水；无毒无菌，清爽甘甜，长期饮用巴马山泉水能调节人体机能，促进血液循环。

巴马山泉水有五大特点：

（1）弱碱性离子水

巴马山泉水呈弱碱性，pH 为 7.1～7.9，而弱碱性离子水可以帮助血液和体液维持酸碱平衡，使身体更有效地抵御细菌、

病毒、炎症和疾病。

（2）还原水

巴马山泉水的氧化还原电位在 83 ～ 150 mV，是城市自来水氧化还原电位的 2/5 以下，而溶解度却高达 71%。氧化物是一种有害物质，氧化还原电位是测量氧化系统的指标，氧化还原电位越低，氧化物越少，表明水质越好。

（3）小分子团水

广西巴马属于高磁环境，在地磁作用及远红外线的作用下，当地山泉水、地下水都变成小分子团水。经科学验证，只有小分子团水才能通过直径为 2 nm 的亲水通道，进入细胞并激活细胞酶系统，活化组织细胞，促进微循环，提高机体免疫力，有利于身体健康。

（4）营养水

广西巴马水系发达，暗河密布，山泉水、地下水由于反复进出地下溶洞而被矿化，因此含有十分丰富的矿物质，如锰、锌、硒等多种微量元素。当地无铜、镉等矿源，故此类物质含量甚低。巴马山泉水中矿物质和微量元素的含量均衡是水质营养的保证，被人们称为"营养水"。

巴马山

第四节 深圳市饮用水水源地

一、深圳水库（中型水库）

深圳水库兴建于 1965 年，位于深圳市罗湖区东湖街道，因水库建在深圳河上游而得名，总库容为 4 496 万 m^3。深圳水库饮用水水源保护区总面积为 58.98 km^2，其中一级水源保护区面积为 7.40 km^2，二级水源保护区面积为 51.58 km^2。

深圳水库

20 世纪 50 年代，香港饮用水严重缺乏，这不仅给居民生活带来极大的不便，还制约着香港社会经济的发展。1950 年，香港向广东省请求帮助解决缺水问题。经党中央研究，决定引东江水供应香港。1965 年 3 月 4 日，在数万民工百日奋战下，深圳水库主副坝工程顺利完工，被称为"百日堤坝"。水库水源从东江提高 46 米，引水倒流，越过分水岭进入深圳水库，通过管道向香港供水，年可增供水量 6 800 万 m^3,同时可灌溉东莞、宝安两区农田 10 余万亩[①]。

二、清林径水库（大型水库）

清林径水库始建于 1960 年 3 月,位于深圳市东北部龙岗区龙城街道,水库集雨区与东莞市、惠阳区毗邻,因水库建在龙岗河上游清林径而得名。该水库于 2008 年扩建,扩建完成后成为

清林径水库

————————

① 1 亩 = 0.0667hm^2。

深圳第一大水库 , 总库容为 1.86 亿 m^3。清林径水库饮用水水源保护区总面积为 27.11 km^2, 其中一级保护区面积为 19.93 km^2, 二级保护区面积为 7.18 km^2。

清林径水库位于龙岗北部深、莞、惠三市交界处, 水库工程建设有利于供水水源网络的完善, 可大大提升深圳市水资源战略储备能力, 对保障全市供水安全具有重要的战略意义。清林径水库是龙岗区重要供水水源之一, 曾经是深圳最大的"水缸"。为保护清林径水库, 水库周边修建了清林径森林公园。"水光潋滟晴方好, 山色空蒙雨亦奇", 这般烟波浩渺造就的湖光山色之美, 正是清林径森林公园最令人神往的地方。

三、公明水库（大型水库）

公明水库地跨光明新区和宝安区的石岩街道办, 位于茅洲河上游, 是在原横江水库、石头湖水库和迳口水库的基础上扩

公明水库

建而成的，总库容达 1.48 亿 m³。公明水库饮用水水源保护区总面积为 11.76 km²,其中一级水源保护区面积为 8.32 km²,二级水源保护区面积为 3.44 km²。

公明水库是深圳市库容最大的水库，它的建设主要为解决深圳市水资源高度依赖外部东江引水、应急备用水源不足以及供水网络不完善的问题，担负着供水调蓄和向深圳西部各水厂供水的任务，是巩固城市长远发展的"水源生命线"。此外，公明水库还承担着雨洪利用和防洪等功能，设计抵抗洪水标准为 500 年一遇。校核洪水标准为 5000 年一遇，不仅提升了光明减灾防洪能力，也促进了生态保护与修复，为城乡居民生活提供坚实保障。现在，公明水库在饮用水供给、涵养水源、保护生态和改善人居环境等方面都发挥着重要作用。

四、梅林水库（中型水库）

梅林水库（原名马泻水库）于 1991 年扩建加固,1994 年建成，位于深圳市中北部福田区下梅林,处于新洲河上游,总库容为 1 309 万 m³。梅林水库饮用水水源保护区总面积为 5.28 km²,是一级水源保护区。

1991 年为了缓解深圳市供水紧张的局面，深圳市水利局对马泻水库进行扩建，1994 年建成具有调节供水与防洪功能的中型水库。

梅林水库三面青山环抱，秀色依然。2003 年，深圳市和福田区投资建设了梅林公园，使这片净土成为深圳的旅游亮点。2021 年 1 月，梅林水库入选第四批国家水情教育基地名单。

梅林水库

五、铁岗水库（中型水库）

铁岗水库于 1956 年 11 月动工，1957 年夏季主体竣工，位于深圳市宝安区西乡街道的铁岗社区，东侧为羊台山，西侧为凤凰山，总库容 9 950 万 m^3。铁岗水库与石岩水库连通，两者的饮用水水源保护区总面积为 107.99 km^2，其中一级水源保护区面积为 33 km^2，二级水源保护区面积为 38.21 km^2，准水源保护区面积为 36.78 km^2。

2002 年深圳市东江水源工程及网络干线工程正式投入运行，铁岗水库成为东江水源工程末端调节水库之一。铁岗水库每天向深圳西乡、蛇口等地供水，是深圳市重要的水源地。

2020 年以前，铁岗水库的水质经常是国家Ⅲ类地表水标准，目前，铁岗水库的水质达到了国家Ⅱ类地表水标准。

铁岗水库

六、石岩水库（中型水库）

石岩水库于1960年3月建成，位于深圳市宝安区石岩街道西北部，总库容为3 198.8万 m^3。

石岩水库在为深圳承担供水重任的同时，也给人们带来了美丽的风景。三月拾花酿春色，绝色花景满山湖，正值赏花好时节，石岩环湖碧道沿线一片姹紫嫣红，次第开放，争相斗艳。石岩湿地公园里，24座水系桥串联起人工湿地，水系两岸的杜鹃浓烈似火，到处莺啼燕舞，正是诗句"小桥流水飞红"所描写的惬意春景。

石岩水库

七、西丽水库（中型水库）

西丽水库又名西沥水库，兴建于 1960 年，位于深圳市南山区大学城附近，总库容为 3 238 万 m^3。西丽水库饮用水水源保护区总面积为 28.12 km^2，其中一级水源保护区面积为 8.88 km^2，二级水源保护区面积为 19.23 km^2。

西丽水库具有城市供水、原水调蓄和城市防洪三大功能。水库枢纽主要由一个主坝、一个副坝、溢洪道和输水涵组成。西丽水库 2011 年被水利部列为全国重要饮用水水源地之一，是深圳市大型境外引水工程——东江水源工程的交水点和深圳中西部的转输水枢纽工程，也是铁岗水库的供水源头。

西丽水库

八、茜坑水库（中型水库）

茜坑水库建于 1994 年，位于深圳市龙华区大浪和观澜街道，处于观澜河一级支流茜坑河的上游，正常储水位 75m，总库容为 1 917 万 m^3。茜坑水库饮用水水源保护区总面积为 4.79 km^2，均为一级水源保护区。

茜坑水库库区北片的环湖道，沿线栽植了各类树木，尤以多个品种的竹子引人注目。茜坑绿道南起观澜街道，北至茜坑老村，全长约 7.02 km。空气清新，鸟语花香，时而还能听到小鸟"唧唧喳喳"的欢叫声，环境优美。漫步绿道，既可以品味荔林野趣，也可一览水库风光，看夕阳下水天一色，感受大自然生态之美。

茜坑水库

九、三洲田水库（小型水库）

三洲田水库始建于 1959 年，位于深圳市盐田区碧岭街道碧岭社区，总库容为 803.05 万 m³。三洲田水库饮用水水源保护区总面积为 7.55 km²，其中一级水源保护区面积为 2.82 km²，二级水源保护区面积为 4.73 km²。

三洲田水库蓄水位为 372 m，是深圳市海拔最高的水库，被称为"云端水库"。三洲田水库岸线随山盘曲，山清水碧，云遮雾缭，鸟鸣谷幽，幽静清妙。库区空气清新，水面烟波浩渺，翠冈掩映。水库的东北侧有五级瀑布，落差达百米，石壁凌空，飞花溅玉。

三洲田水库

十、鹅颈水库（中型水库）

鹅颈水库始建于 1977 年，位于深圳市光明区光明街道凤凰村，总库容为 1 466.5 万 m³。水源保护区总面积为 4.16 km²，其中一级水源保护区面积为 3.20 km²，二级水源保护区面积为 0.96 km²。

鹅颈水发源于鹅颈水库，它与茅洲河干流交汇处建有鹅颈水湿地公园。鹅颈水湿地公园占地 7.45hm²，是以生态修复保护湿地景观为主，兼顾水质净化的湿地公园，这里有 100 余种乔灌木及地被植物和 30 余种水生植物，良好的生态环境吸引了白鹭在这里繁衍生息。

鹅颈水库

　　本章数据参考《饮用水水源保护区划分技术规范》（HJ 338—2018）、《深圳市人民政府关于深圳市饮用水水源保护区优化调整事宜的通知》（深府函〔2019〕258号）、《深圳市人民政府关于实施第一批饮用水水源保护区调整方案的通知》和《深圳市江河湖泊水库基本情况》。

第二章
饮用水水源危机

第一节 水资源危机

一、警钟敲响

所有的生命都离不开水。对于当今社会来说，水资源被赋予了特殊的意义。人类对水资源的需求随着科技的进步、社会的发展和文明的演化而日益提高，水资源的利用方式和技术日新月异，由此所造成的生态与环境灾难越来越令人心痛！

水资源危机会不可避免地暴发！这不是危言耸听，也不是道听途说，而是联合国水环境会议早在 1977 年就向全世界发出的警告。

1997 年 3 月，在马拉喀什举行的第一届世界水资源论坛上就有专家预测，2050 年以前将会发生一次水危机。同年 6 月，在伊斯坦布尔举行的联合国人类主权会议上，会议秘书长沃利恩多警告说："根据我的推断，未来 50 年内我们会看到，导致国与国之间、人与人之间剧烈冲突的诱因不再是石油，而是水！"

水资源危机已经成为 21 世纪人类面临的重大挑战之一。

2021 年 10 月 5 日，世界气象组织发布《2021 年气候服务状况：水》报告并发出警告，预计到 2050 年，全球将有 50 亿人面临缺水的困境。

报告中指出，到 2018 年，全球就已经至少有 36 亿人每年有 1 个月面临用水量不足的问题。预计到 2050 年，这一数字将超过 50 亿。

2000—2020 年，地球陆地的储水量，也就是陆地表面和地

下所有水的总和一直在以每年 1 cm 的速度下降。影响最大的是南极洲和格陵兰岛，且常规水资源并不匮乏、有河流经过的人口稠密的低纬度地区，也正面临着严重的用水不足的困境。

自 2000 年以来，和前 20 年相比，与洪水有关的灾害增加了 134%。与此同时，全球干旱事件发生的次数和持续时间增加了约 30%，其中非洲的受灾程度最为严重。

全球水资源：全球 1/3 人口"高度缺水"

按照国际公认的标准，人均水资源低于 3 000 m³ 为轻度缺水，人均水资源低于 2 000 m³ 为中度缺水，人均水资源低于 1 000 m³ 为重度缺水，人均水资源低于 500 m³ 为极度缺水。

全球近 1/3 的人口——约 26 亿人在不同程度上缺乏生活用水，有约达几亿人（世界人口的 1/6）严重缺乏安全饮水。

在全球最缺水的国家中，印度位居第 13，比巴基斯坦还严重。印度国内私人开发的地下水基础设施所支持的灌溉面积比国有地下水灌溉面积还要大，这是一个巨大的隐患。

世界上许多地区日益严重的水资源短缺使进一步扩大灌溉规模的发展空间很小。如果不采取措施，墨西哥可能面临与印度同样严重的情况。墨西哥 32 个州中有 15 个州被列为"极度缺水"地区。霍夫斯特指出，墨西哥城的供水系统十分脆弱。

智利有 10 个地区被列为"极度缺水"地区，其中包括首都——圣地亚哥。

在意大利、西班牙等南欧地区也出现了一些令人惊讶的现象。在一年中最干旱的几个月里，旅游业给这些国家的供水系统带来了压力。意大利 20 个地区中有 1/2 以上被列为"极度缺水"地区，土耳其大部分地区位于亚洲，其也有 1/3 的省处于"极度缺水"状态。

水危机的原因

那么，究竟是什么原因造成并加剧了全球的水危机呢？研究人员认为有两方面原因：一是全球气候变暖，二是人类活动。

全球气候变暖导致地表水大量蒸发，冰川退缩，比如，欧亚大陆的咸海、里海和乌鲁米耶湖的水量减少，亚洲高山冰川退缩等；人类活动的影响主要是长期引水、地下水开采和采矿灌溉用水等，比如，撒哈拉及阿拉伯半岛地区对地下水的过度抽取，北美洲采矿和农业灌溉使用了大量的水。

二、中国水资源形势

中国水资源总量约为 2.8 万亿 m^3，其中地表水为 2.7 万亿 m^3，地下水为 0.83 万亿 m^3，由于地表水与地下水相互转换、互为补给，扣除两者重复计算量 0.73 万亿 m^3，与河川径流不重复的地下水资源量约为 0.1 万亿 m^3。就水资源总量而言，我国仅次于巴西、俄罗斯、加拿大，居世界第 4 位，高于美国、印度尼西亚和印度。如果按人均占有量计算，约为世界人均占有量的 1/4，人均水资源量为 2 100m³，在世界上名列第 125 位。但中国实际可利用的水资源约 1.1 万亿 m³，人均可利用的水资源不足 900 m³，且分布极不平衡。

按照国际公认的标准，我国按人均水资源属于轻度—中度缺水的国家；而若按实际人均可利用的水资源量来评判，我国则属于重度缺水国家。

按国际公认的标准，人均水资源达到 1 700 m³ 则为缺水警戒线。按此标准，中国有 13 个省 (区、市) 人均水资源低于该警戒线，其中 8 个省（区、市）少于 300 m³，而重庆、山西仅为 180 m³。城市用水供需矛盾日益突出，是当地国民经济和社会发展的最大制约因素。全国 660 多个城市中，有 400 多个城市缺水，日缺水量达 1 300 万 m³，年缺水量达 58 亿 m³，其中 408 个城市严重缺水，涉及 17 个省（区、市）。21 世纪初期，缺水每年造成的工业损失达 2 000 亿元，农业损失达 1 500 亿元，对人民生活造成的损失无法估量。中国 364 个县级以上城市严重缺水，其中包括沿海发达城市。

中国水资源的主要特点是空间分布极不平衡，南多北少。长江流域及其以南水系的流域面积、人口数量分别占全国的 36.5% 和 54.0%，水资源量占全国的 81%；淮河流域及其以北水系的流域面积、人口数量分别占 63.5% 和 46.0%，水资源量仅为 19%。水资源分布的南北失衡表现为北方主要呈资源性缺水，干旱频繁，地下水严重超采，造成地面下陷；南方主要呈水质性缺水。当然，南北方也存在局部既有水质性缺水也有资源性缺水的状况。

中国地处季风区，一年中的降水量集中在汛期，时空分布不均衡性非常强。区域结构产生水资源矛盾,因此常见南涝北旱。华北和东北出产全国约 2/3 的粮食,一马平川,光照条件好,但水资源短缺,水土资源配置不好。气候变暖又在某种程度上加剧了这些矛盾。

因此,中国的水资源问题相当复杂,面临的压力相当大。

三、深圳之"渴"

深圳市地处亚热带海洋性季风气候区域,全市(不含深汕)多年平均降雨量为 1 830 mm,水资源总量为 20.95 亿 m³,多年人均水资源量约为 121 m³,约为全国平均水平的 6%,广东省的 1/5,属资源型缺水城市,即使加上东江引水量,人均水资源量也仅为 227.3 m³。而且深圳市属半岛城市,受地形地貌影响,境内无大江、大河、大湖、大库,雨洪资源调蓄能力差。

深圳市水资源量较为丰富,却属于资源型缺水城市,原因有以下几方面:一是降水时空分布不均。空间上降水量自东向西递减,时间上降水年内分布主要集中在汛期(每年 4—9 月),约占全年降水量的 85%。二是雨洪调蓄利用能力差。深圳市地处沿海,地势平坦,不适合修建大型水利工程,汛期降水难以收集利用。三是人口激增。1998—2021 年,深圳市常住人口由 395 万增加到 1 756.006 1 万,大量外来人口的涌入,导致人均可利用水资源量大大减少。四是水污染问题加重。经济在高速发展的同时,带来水污染、水生态破坏问题,削减了可利用的水资源量。

第二节 饮用水水源危机

一、世界饮用水水源地危机

印度大城市金奈用水告急

2019 年印度金奈持续干旱，加之当地对四大水库水资源的无序利用，最终导致了用水危机。

由于收集雨水的措施有限，并且对水资源的利用不可持续，世界人口第二大国——印度的许多地方目前正在经历着缺水危机。其中对印度经济贡献最多的两个邦——泰米尔纳德邦和马哈拉施特拉邦受缺水的影响最严重。印度每年的季风降水量占全国年降水量的 70%，截至 2019 年 6 月 23 日，印度全国降水比往年正常降水下降了 38%。

新德里科学与环境中心总干事苏尼塔·纳兰说："过去这些年，该市忽略了水利，且不重视水源的改善和补给。如果我们不明白储存雨水、保存每一滴水的重要性，水危机就会一直存在。"

由于印度政府的用水、储水基础设施不完善，所以在短时间内，政府对这种情况束手无策。为了缓解这一状况，印度通过淡化海水、卡车运水，甚至用火车运送的方式来为民众供水，但是这些对于金奈这座住着 465 万名居民的城市来说，简直是杯水车薪，伴随而来的是水价不断上涨。

2018 年，金奈的降水量降至 15 年来的最低水平，降水量的不足并没有改变金奈四大水库对水资源无序利用的现状，最终于 2019 年出现了危机。金奈当地供水和污水处理部门的数据显示，目前该市的水库实际库容不到设计库容的 1%，而 2018 年同期则达到了 20%。

　　普扎尔湖是金奈最大的湖，卫星图片显示 2018 年 6 月 15 日
该地区蓝色的湖水满盈，但在 2019 年 6 月这里却几乎完全干涸。
2018 年 6 月 15 日至 2019 年 4 月 6 日，该水库的供水量急剧萎缩。

普扎尔湖

　　印度不是唯一面临水危机的地区。联合国于 2019 年 3 月发
布的《2019 年世界水资源发展报告》中指出，非洲快速发展的
城市正在耗尽仅有的水资源，同时全球现有 20 亿人生活在水资
源极度匮乏的国家。

二、中国饮用水水源地危机

　　截至 2021 年，全国已有 162 个县级以上集中式饮用水水源
地被撤销或拟撤销，占总量的 5% 左右。究其原因，水源水质不
达标和水源地保护区用地冲突有很大一部分占比，同时，保护

区用地冲突往往也会给水源水质带来潜在风险。

保护水源地，减少"水质型缺水"，已成为生态环境保护工作的当务之急。广州市流溪河西航道水源地、厦门市上李水库水源地、南京市浦口区长江江浦水源地、成都市自来水二厂水源地……这些都是已经撤销或者即将撤销的水源地。

为了保证水源的稳定供应，每撤销一个水源地，一般还会寻找新的替代水源地，所以总量并不会减少太多。不过，要想再找到像原水源地那样交通便捷、水量供应充足、水质良好的新水源地并没有那么容易，很多地方不得不远距离调水。

以上海市为例，其重要水源地是黄浦江，但从 20 世纪 80 年代开始，黄浦江下游的水质不断恶化，影响水源供应。1987 年，上海市把自来水取水口上移至黄浦江上游的临江河段。1998 年，又进一步上移至松浦大桥河段。2016 年，金泽水库建成，该水库比松浦大桥取水口又上移了 40 km。

事实上，由于黄浦江的水源已经很难保障供水质量，上海市早已将长江确定为第二水源。2011 年，长江口青草沙水库开始全面供水，目前供水量已占上海全市原水供应的 70% 左右。

本章数据参考《2021 年气候服务状况：水》《2019 年深圳市环境状况公报》和《2018 年世界水资源发展报告》等文件。

第四章
饮用水水源污染

饮用水水源污染根据污染类型可划分为生物性污染、物理性污染、化学性污染；根据污染途径可划分为点源污染、面源污染、移动源污染。

第一节 饮用水水源污染类型

一、生物性污染

生物性污染物质包括细菌、病毒、寄生虫等，这些污染物通过我们日常生活污染水源，例如，手部接触细菌时，用水冲洗后可随水流进入地下水，再通过一系列的工序进入饮用水水源。生物性污染物对人体的伤害非常大，比如，血吸虫病就是由这种污染水质引起的。

二、物理性污染

物理性污染物质包括悬浮物、热污染和放射性污染，如水藻、垃圾污染和工厂所排放的热气污染等。这些污染中放射性污染的危害是最大的，我们所说的辐射就是放射性污染引起的。放射性污染大多由工厂排放的含有放射性物质的废气、核污染、医疗放射性污染、科研污染所引起。

三、化学性污染

化学性污染物质主要是指农用化学物质、食品化学添加剂、工业化学废弃物等。化学性污染主要以人体接触的气体的形式存在，从而对人体产生巨大伤害，例如，甲醛可诱发鼻癌、血癌（白血病）；挥发性有机物如苯、甲苯和二甲苯等，会导致再生障碍性贫血和胎儿畸形。

第二节 饮用水水源污染途径

一、点源污染

点源污染是指以点状形式排放、造成水体污染的发生源，主要指企业和居民区产生的工业废水和生活污水。这些废水、污水经简单处理或未经处理，就通过管道输送到排污口，然后向水体中排放，其特点是污染物多、成分复杂，并且水质随工业废水和生活污水的排放而变化，具有季节性和随机性。

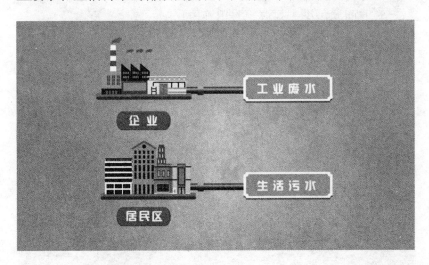

二、面源污染

面源污染是指溶解的和固体的污染物在非特定地点，在降水或融雪冲刷的作用下，通过径流汇入受纳水体，并引起污染和水体富营养化。面源污染分为农业面源污染和城市面源污染两大类。

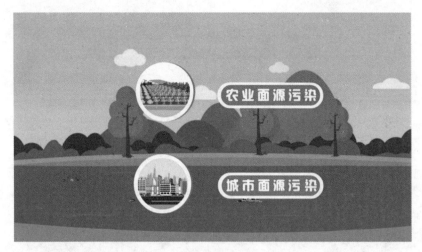

　　农业面源污染主要源于农田施用化肥、农药、畜禽及水产养殖、农村居民农业生产活动中的氮元素和磷元素等营养物、农药及其他污染物。这些污染物通过地表径流和渗漏造成地表水和地下水环境污染。

　　城市面源污染主要是由降雨径流的淋溶和冲刷作用产生的，特别是暴雨初期的径流将地表以及沉积在地下水管网的污染物

在短时间内冲刷、汇入受纳水体，从而造成水体污染。

三、移动源污染

移动源污染是指由位置不固定的设备、装置所排放的污染物造成的水体污染。移动源主要包括运输危险化学品、危险废物及其他影响饮用水安全的车辆、船舶等交通工具。

第三节　我国饮用水水源地污染事件

一、河南省某水源地污染事件

过程：自 2004 年 10 月以来，河南省某黄河取水口发生持续4 个多月的水污染事件，城区 40 多万名居民的饮水安全受到威胁，该市被迫启用备用地下水源。

原因：某化肥厂是此次水污染的重要污染源，以前厂里通过一条明沟排污，现在排污沟改成了地下暗道，出口隐藏在一家农户的猪圈里。而附近某造纸厂则有一明一暗两个排污口，"明口"排放的废水比较干净，但流量很小；另一排污口则通过"暗道"与某支渠相连，排出的污水呈红褐色，且流量很大。这导致该地 40 多万名居民多年用水安全得不到保证，该省"上游污染下游"的问题长期解决不了，这些都表明控制污染办法不到位，处理污染机制不健全。

二、四川省某水源地污染事件

过程：2004 年 12 月，四川省某地水面出现了大量的白色泡沫，并散发出一阵阵刺鼻的碱味，水源安全严重告急，周边的自来水公司也因生产达标饮用水的难度加大而濒临停产。该市中心城区 25 万名市民饮水安全受到严重威胁。

原因：成都某采砂户擅自违法在附近自来水厂取水口上游的饮用水水源保护区内修筑两道拦水围堰，导致自来水厂取水口水量减少，流速降低。此外，该采砂户还在围堰内违法开采大量砂石，并就近利用江水进行洗砂作业，从而使大量腐质物和藻类物积聚于该段江水，造成水厂取水口水质色度增高，威胁附近中心城区饮用水供水安全。

三、江苏省某水污染事件

过程：2009 年 2 月 20 日，因自来水水源受到酚类化合物污染，江苏省某水厂和附近水厂水源遭受严重污染，该厂生产的自来水中酚类物质严重超标，近 20 万名居民（占该市人口的 2/5）生活饮用水被迫中断近 67 小时，造成直接经济损失 543 万元，社会影响恶劣。

原因：据调查，江苏省某化工厂为减少治污成本，趁大雨天偷排了 30 t 化工废水，最终污染了水源地。之后，这家化工厂两名负责人因"投放危险物质罪"分别被判处 10 年和 6 年有期徒刑，这也是我国首次以投放危险物质罪对环境污染事件作出刑事处罚。

四、四川省某特大水污染事故

过程：2004 年 2 月 16 日，四川省某江两岸的居民发现江水变黄变臭，许多地方泛着白色泡沫，江面上还漂浮着大量死鱼。紧接着，居民又发现自来水也变成了褐色并带有氨水的味道。这直接导致沿江附近三地百万群众饮用水被迫中断，50 万 kg 网箱鱼死亡，直接经济损失在 3 亿元左右，被破坏的生态需要 5 年时间来恢复。

原因：四川省某化肥厂是这起污染事故的责任者，该厂将大量高浓度工业废水排进附近江水中，对沿江生态环境及人民身体健康造成了严重的危害。

参考文献：

[1] 窦明，左其亭 . 水环境学 [M]. 北京：中国水利水电出版社 ,2014.

第5章
饮用水水源的保护

第一节 饮用水水源保护区管理制度

一、国外饮用水水源保护管理概况

（1）美国

一是完善的水源保护和管理法律制度。美国在1974年制定了《安全饮用水法》，其与《清洁水法》一起构成了饮用水水源管理的法律依据。其中，《清洁水法》规定了包括水源地在内的各州所有水体环境应达到的最低要求。《安全饮用水法》规定了饮用水水源评估、水源保护区、应急管理等制度，并授权美国国家环境保护局负责饮用水安全事务，对违反饮用水水源地保护相关规定的行为进行严厉惩处，使污染物排放者遵守法律。

二是多渠道的饮用水水源地保护资金支持。《安全饮用水法》授权建立州饮用水循环基金计划，将联邦拨款与州配额拨款借贷给地方实施饮用水相关项目，获得的利息和本金循环使用。《清洁水法》授权建立州清洁水循环基金，长期支持保护和恢复国家水体项目。美国还配备了水源地补助资金，用于将饮用水水源保护整合到地方一级的综合性土地、水体管理保护计划的示范性建设项目中。

三是健全的饮用水水源地生态补偿制度。建立上下游之间或水源涵养地与清洁水使用者之间的生态补偿协议，解决相关利益矛盾。如纽约市大部分饮用水水源来自离该市200 km的特拉华州的乡村，1992年纽约市政府与水源地农民及森林所有者达成协议，规定奶农和森林经营者在采取"最佳生产模式"（降低对水质的影响）下可以获得400万美元的补偿金。美国还将最接近水源的土地购买收归国有，以达到保护的目的。

四是注重各级政府部门间协调及公众参与。饮用水管理采取以地方行政区域管理为基本单位、联邦政府与州政府相配合的管理模式。在联邦层面，美国国家环境保护局、美国大城市水局联合会、美国水工协会、美国联邦紧急事务管理署等明确分工，各司其职。美国国家环境保护局还发布《水源保护手册》，用于指导社会团体和公众充分参与水源地管理和保护。

五是制定系统的地下水饮用水水源保护计划。美国国家环境保护局较早对地下水源实施了保护计划，包括井源保护计划、唯一源含水层保护计划以及地下灌注控制计划三部分，可单独或联合应用到地下水源保护计划中。井源保护计划包括划定保护区，确定污染源清单、应急计划和水源地管理。唯一源含水层保护计划指没有可替代水源的、提供50%以上服务区饮用水保障的含水层，一旦被确定为唯一源含水层，则该水体涉及地区的某些特定项目需经美国国家环境保护局的特别审核。地下灌注控制计划是建造超过80万个处理各种废物的灌注井，规范其建设和运作，保护地下饮用水水源免受污染。

（2）欧盟

一是统一的水质法律体系。关于饮用水管理，欧盟有四大基础法律：《欧盟水框架指令》《饮用水水源地地表水指令》《饮用水水质指令》和《城市污水处理指令》。后三部指令产生于《欧盟水框架指令》之前，是作为某一专项法律存在的，分别从水源地保护、饮用水生产输送和监测、污水处理等方面规定相关事项。《欧盟水框架指令》则是一个全面的法律框架，规定了包括水源管理在内的方方面面的水管理事项。指令通常是一种指导方针或目标，不要求强制执行，但《饮用水水质指令》例外，其要求写入各成员国法律并执行。

二是分级分档的水源水质标准体系。欧盟的《饮用水水源地地表水指令》具体规定了饮用水水源地地表水水质标准。它要求各成员国按照自来水厂的处理工艺将地表水进行分类。将每一个水质指标制定成 A1、A2、A3 三级标准，每一级标准分别包含了非约束性的指导控制值和约束性的强制控制值两档，并制定了在特殊极端条件下（如自然灾害）的应急标准，在这种情况下对某些指标可以免除强制控制。

三是以流域综合管理为核心的管理模式。欧洲有多条跨国界河流。《欧盟水框架指令》建立了以流域综合管理计划为核心的水资源管理框架，要求成员国必须识别自己国家的流域（包括地下水、河口和一海里之内的海岸），将其分派到流域管理区内，并每 6 年制订一次流域管理行动计划。对于国际流域，流域内相关国家需要共同确定流域边界并分配管理任务。欧盟还要求成员国在执行行动计划时鼓励所有感兴趣的团体参与水源保护活动。

欧盟各主要成员国除了遵照欧盟饮用水水源地规范标准外，还有各自的水源地政策措施，主要有以下特点。

1）德国

德国根据污水处理厂的规模及其排放流域的不同，对其排放的化学氧化指数、生物氧化指数和氮含量等有明确的规定标准。政府对污水处理厂的监管也十分严格，对不符合要求的企业会予以警告并勒令整改。

除了水的质量标准，德国的《饮用水条例》还对水质检测有严格规定。其中，地表水、地下水、水厂水质处理环节、自来水管网以及用户用水都被这一高密度采样网络所覆盖。

在德国柏林，每 50 km 有一个水质检测点，全市共有 180 个定点用户监测地，分布在幼儿园、养老院、医院等公共机构中，每周都会进行水质检测。水质检测由自来水公司负责执行，由地区的健康部门负责监督。水质检测的频率与用户数量有关，一个小村庄可能每年只需一次水质检测，但柏林这样的大城市每年则要检测上万次。

2）法国

法国有 2/3 以上的人每天都饮用自来水，法国政府为保证 6 500 多万人口的日常用水安全，根据水文分布将全国划分为 12 个流域，每个流域设有专门的委员会进行管理。

其中，设立采水点保护区是最重要的措施之一。1992 年 1 月 3 日修订后实施的《法国水法》明确规定，自来水采水点附近必须设立保护区。在距采水点较近的区域内，一切可能直接或间接影响水质的设施、工程、活动或项目等都被禁止或管制。

管理部门对采水点水质的监测也是非常规范和严格的。自来水生产与输送服务由独立于自来水生产与输送机构的水工会负责，水样分析由卫生局委托给卫生部认可的实验室进行，保证了检测结果的可信度。一旦检测出水质不合格，省政府、市政府和相关部门将各司其职，协调合作，立即展开调查，尽快确定水质不合格的原因。同时，供水机构会立即采取措施恢复自来水水质，并通过电话、短信或邮件等方式告知用水者。对于不合格的采水点，将暂停采水措施。严重情况下，自来水供应会被切断。

水质信息对公众完全公开，主要通过两种方式公布：一是市政府定期张贴水质检测分析结果，二是由负责自来水生产和输送的机构每年发布上一年水质综合分析情况。公众还可以在卫生部网站上直接查询全国各地的最新水质信息。公开信息包括采水时间和地点，总体评价，肠球菌、大肠埃希菌等细菌学指标，矿物质含量、外观、颜色、气味、浊度和酸碱度等物化指标。

3）芬兰

芬兰有"千湖之国"之称，全国有 10% 的国土被水覆盖。20 世纪六七十年代，当地经历了工业大发展，造纸厂在河湖周围聚集，这也导致湖水被严重污染，居民饮水安全受到威胁。

最终芬兰人意识到水净化和水源保护的重要性。经过半个世纪的治理，如今芬兰的大部分湖水已恢复清澈，水污染已踪迹难觅。根据芬兰有关机构的检测，目前芬兰 80% 的湖水、43% 的河水的水质为优或良。

有了清洁的水源，不需要经过太复杂的处理工艺，就能生产出直饮水。在芬兰街头的饭店和公司的自助餐厅，大多设有自来水龙头，人们可直接取水饮用。芬兰公共卫生研究所的研究显示，芬兰自来水中的细菌比瓶装水要少很多。

不过，近年来芬兰的饮用水处理开始出现一些问题。比如，有些建于 20 世纪 50 年代的水处理厂房仍在使用，城市水网有些管道已有上百年历史。一方面，水处理技术更新换代很快，另一方面，也有一些管网没有及时维护和更新，这导致水源质量有所下降。芬兰政府正在制定规划，并尝试推出一些新的方法来解决这些问题。

（3）挪威

当看到挪威奥斯陆峡湾里碧波荡漾、海鸥飞翔、游艇往来、白帆点点时，很难想象 40 年前这里河水发臭、鱼虾死亡的景象。

经过几十年不间断的污染治理，如今挪威首都——奥斯陆的 50 万居民打开水龙头就能喝上卫生、优质的直饮水。

几十年的转变，要归功于奥斯陆实行的水务"一条龙"管理措施，这些措施包括自来水的供应、城市地表水和地下水的管理，乃至城市污水的净化处理等，凡是与水相关的事务，都属于水务处的管理范围。

目前，挪威的奥斯陆水务处管理着2家自来水厂、2座大型污水处理厂、27座泵站、128个减压站以及总长1 550 km的自来水管网，仅有500多名员工。

如此高效的水务管理，是奥斯陆水务处几十年来不停地进行管网更新和设备改造的结果。根据规定，管网和设备必须每年更新1%，因此，管网和设备始终处于最佳状态。

水务处的运营资金来源于每家每户的水费和排污费，收费标准由奥斯陆市政理事会确定，目前每户每年3 000克朗（约合2 030元人民币）。收来的水费扣除水务处的运营成本后，结余资金不能作为利润处理，必须全部用于提升奥斯陆水处理能力的项目。

随着奥斯陆人口的不断增长，水务处已开始规划开辟新的水源地和建设新的管道工程，以满足今后30年乃至50年的居民用水需求。

（4）英国

从20世纪中期开始，英国就陆续制定饮用水安全方面的法律，先后出台了《水法》《水务法》《饮用水质量规程》等十余部法律法规。除了自身制定的法律法规，英国还执行世界卫生组织的《饮用水水质准则》以及欧盟相关法规，主要是《欧盟水框架指令》。

这些标准至少每5年修订一次，以确保符合世界卫生组织和欧盟的最新指导方针，并与科技进步相协调。除了设立完善的法律框架，成熟明晰的管理架构也是英国饮用水安全和高质量水务服务的重要保障。

英国环境、食品和农村事务部是中央政府中负责水资源及相关产业方面的主管部门，该部门对水务监管机构进行宏观调控。此外，英国早在 1990 年就成立了饮用水监视委员会，为饮用水安全提供独立的监督。

（5）日本

一是完善的饮用水水源保护立法体系。日本饮用水水源保护法律体系包括《公害对策基本法》《水质污染防治法》等，形成了饮用水水源水质标准制度、水质监测制度、水源地经济补偿制度、紧急处置制度等系统的规范。

二是完备、周密的饮用水质量标准。日本最新的生活饮用水水质标准于 2004 年 4 月 1 日执行。

三是健全的饮用水水源监测制度。日本《水质污染防治法》规定，都、道、府、县知事必须对公用水域的水源水质污染状况进行经常性监测。其他国家机关和地方公共团体也可进行水源水质测定，并应将测定结果报送知事。每年地方政府制定一轮水源水质监测计划并实施。另外，建设省根据都、道、府、县知事的监测计划，从河流管理者利益出发，对各水系水质污染状况实施水质例行监测。

（6）新加坡

新加坡是一个城市国家，水资源并不丰富，目前生活用水一部分从马来西亚进口，另一部分为雨水收集。

新加坡保护水源的首要举措就是实现污水管网和饮用水系统的严格分离。

在新加坡，很少见到空调排水乱滴的情形，这些污水都要经由专门安置的细管导入公共污水管网。按照规定，洗衣机、洗碗机、马桶等排出的生活污水，甚至晾晒衣服产生的积水，也都必须导入污水管网。为此，新加坡的水务管理部门专门颁布了一些建筑标准，开发商在建造房屋时必须遵循这些标准。

新加坡是全球主要炼油中心之一，西部的裕廊岛工业区聚集着一些世界级的大型炼化企业。如此大规模的炼化工业园区，不可避免地会排放大量工业废水。然而，新加坡通过市场化运作的方式，严格立法、严格执法，基本保证了排入公共污水管网的工业废水符合相应标准。

新加坡处理废水污染的原则不是"谁污染，谁治理"，而是"谁污染，谁付费"，但前提是制定严格的法律。新加坡的相关法律十分严格，依照《污水排水法》第294章、《污水排水（工业废水）条例》等，排入公共下水道的工业废水必须不超过45℃、pH必须不低于6且不高于9。这些法律还对工业废水中特殊物质的含量、金属的含量进行了细致规定。同时，严格规定废水中不得含有电石、汽油及其他易燃物质。对于超标情况，新加坡公用事业局专门制定了详细的处罚规则。

制定法律法规之后，新加坡强有力的执法确保违法的成本高昂。

新加坡公用事业局就是监管者之一，它不参与环保治理相关业务，只负责监管企业排出的污水是否符合国家规定的标准，不达标的企业将被高额罚款甚至关停。

新加坡公用事业局也在不断利用新技术对公共污水管网进行监测。2012年11月起，新加坡公用事业局耗资250万新元（约合1 250万元人民币），安装了新的远程监控系统。如果工业设施排出的污水超标，监控系统会自动向公用事业局发送警报，并实时跟踪有害物质的浓度。

2012年3月，新加坡公用事业局还安装了一套由1 000个传感器组成的系统，用于监控排污管网的运行情况。如果污水流量高于正常值，传感器就会发送警报，新加坡公用事业局可以及时调查、处理问题，保证公共污水管网的荷载不会过重。

新加坡公用事业局正考虑加大对工商业排污违规的处罚力度，包括工业设施的排污和一般商业机构的排污。违规排污者每一项违规行为可能面临的最重处罚，从原来的 5 000 新元（约合 2.5 万元人民币）提高到 1.5 万新元（约合 7.5 万元人民币），也可能被判监最高达 3 个月，或者两者兼施。

新加坡的严格执法举世闻名，这一处罚规定会对违规排污产生巨大的威慑作用。

二、我国饮用水水源保护区制度管理

一是分类分级管理。分类分级管理是指将水源保护区划分为地表水水源保护区、地下水水源保护区两类，每类又分一级水源保护区、二级水源保护区，并且进行分类分级防护。一级水源保护区防护要求严于二级水源保护区。准水源保护区是根据《饮用水水源保护区污染防治管理规定》建立的。我国法律规定，地表水水源保护区由省级以上人民政府批准，而地下水水源保护区由县级以上人民政府批准。

二是环境和卫生质量双达标。环境和卫生双达标是指水源保护区内的水质既适用水环境质量标准又符合水质卫生标准。地表水水源一级保护区内的水质，适用《地表水环境质量标准》（GB 3838—2002）Ⅱ类水质标准，并且符合国家规定的生活饮用水水质卫生规范；二级保护区内的水质，适用《地表水环境质量标准》（GB 3838—2002）Ⅲ类水质标准。地下水水源保护区的水质，适用《地下水质量标准》（GB/T 14848—2017）Ⅱ类标准，并符合国家规定的生活饮用水水质卫生规范。我国饮用水水源水质按保护区级别不同适用不同的标准。

1955 年，《自来水水质暂行标准》在北京、天津、上海、大连等城市试行；1985 年，《生活饮用水卫生标准》（GB 5749—1985）发布，这是水质标准从无到有的过程；1985—2006 年，国家标准完成了从 35 项指标到 106 项指标的拓展，我国饮用水标准逐步与国际接轨；2006 年以来，饮用水标准逐渐将有机物和微生物作为重点控制目标，标准体系逐渐向对标全球卓越城市高品质饮用水的目标努力。

三是流域管理和统筹安排。流域管理和统筹安排是指对跨区域的江河、湖泊、水库和输水渠道内的饮用水水源保护区进行统筹安排和综合管理。应该从流域整体利益出发，统一安排水源保护区设置和污染防治工作。上游地区不得影响下游地区水源保护区设置和污染防治，下游地区应给予上游地区适当补偿；下游地区要与上游地区协调处理跨区域水污染问题。

四是应急制度。应急制度是指当出现饮用水水源污染和破坏等突发或紧急事件时，生态环境部门依法采取责令减少或者停止排放污染物等强制性紧急措施的法律规定。

第二节　饮用水水源保护区

一、我国饮用水水源保护区发展历程

我国饮用水水源保护区的划定和优化调整经历了 3 个阶段。第一个阶段是饮用水水源保护区划定探索阶段；第二个阶段是对饮用水水源保护区科学划定及调整阶段，我国首次发布了饮用水水源保护区划定的技术规范；第三个阶段是随着我国对饮用水水源保护相关法律法规越来越完善，对饮用水水源保护区的管理进入了优化调整和切实加强有效保护措施的阶段。

（1）饮用水水源保护区划定探索阶段

我国高度重视对饮用水水源的保护，1984 年《中华人民共和国水污染防治法》首次提到地表水饮用水水源保护区的划分要求，县级以上人民政府可以对生活饮用水水源地、风景名胜区水体、重要渔业水体和其他具有特殊经济文化价值的水体划定保护区并采取措施，保证保护区的水质符合规定用途的水质标准。1989 年，国家环境保护局等部门联合颁布了《饮用水水源保护区污染防治管理规定》，对地表水和地下水饮用水水源保护区的划分和防护作了规定，饮用水地表水源保护区包括一定的水域和陆域，其范围应按照不同水域特点进行水质定量预测，并根据当地具体条件加以确定，对一级水源保护区和二级水源保护区的划定和水质要求作了规定；1992 年，国家环境保护局颁布了《饮用水源保护区划分纲要》，规定了饮用水水源保护区划分的基本技术要求；2005 年印发的《国务院关于落实科学发展观　加强环境保护的决定》（国发〔2005〕39 号）中提出，以饮水安全和重点流域治理为重点，加强水污染防治。

要科学划定和调整饮用水水源保护区，切实加强饮用水水源保护，建设好城市备用水源，解决好农村饮水安全问题。20 世纪 90 年代，我国各省份陆续开展了集中式饮用水水源保护区划定工作。

（2）饮用水水源保护区科学划定及调整阶段

2007 年，我国首次发布了饮用水水源保护区划分技术规范，《饮用水水源保护区划分技术规范》（HJ/T 338—2007）（以下简称 2007 版标准）于 2007 年 1 月首次发布实施，科学指导我国饮用水水源保护区的划定，2007 版标准重点规定了保护区划分的一般技术原则和不同类型水源保护区划分的技术方法，采用经验类比法和模型分析计算法两种方法确定水源保护区范围，对于具备计算条件的水源地采用模型计算方法来划定，对于不具备计算条件的水源地可采用类比经验法划定。

各地依据 2007 版标准分别开展了城市、城镇、部分典型乡镇集中式饮用水水源保护区划分，保护区划定完成率不断提高，我国城镇集中式饮用水水源保护区划定完成率由 2008 年的 60.5% 提升到 2016 年的 92%，提升了 31.5%，极大地推动了保护区划分工作的顺利开展，为饮用水水源地环境基础状况调查与评估、水源地环境监督管理和执法等各项工作的顺利开展奠定了基础。

随着我国饮用水水源地环境保护面临的形势、保护要求和环境管理的重心不断发生变化，2007 版标准部分内容已无法适应我国当前的饮用水水源保护形势。

一是未明确饮用水水源保护区划分技术步骤的具体要求。2007 版标准重点规定了保护区划分的一般技术原则和不同类型水源保护区划分的技术方法，未明确划定保护区过程中必须要开展的环境基础状况调查、划定技术方法的筛选、保护区现场定界、保护区图件制作和技术方案编制等技术流程。

二是缺少划分保护区时应开展的环境状况调查的技术要求。划分饮用水水源保护区，是一项技术性较强的工作。保护区划分首先必须对饮用水水源地的取水口所在区域的水文、地质、地形、植被、污染特征等内容进行全面翔实的调查。

三是未明确不同划分方法的适用条件和具体要求。为强化科学性、合理性和规范性，2007 版标准中，采用经验类比法和数值模型计算法两种方法确定水源保护区范围，且首先采用数值模型计算法。但由于没有明确各类技术方法的适用条件，各地实施过程中为降低划分的技术难度，多数优先采用经验类比法和最小值确定保护区范围。

（3）饮用水水源保护区优化调整阶段

《中华人民共和国水法》（1988 年发布施行，并于 2002 年、2009 年、2016 年修订）（以下简称《水法》）、《中华人民共和国环境保护法》（2014 年修订）（以下简称《环境保护法》）、《中华人民共和国水污染防治法》（1996 年修订、2008 年修订、2017 年修订）（以下简称《水污染防治法》）等法律法规都要求设立饮用水水源保护区，切实保障饮用水水源安全。其中《水污染防治法》（2017 年修订），设立专章来加强饮用水水源的保护，提出国家建立饮用水水源保护区制度，饮用水水源保护区分为一级水源保护区和二级水源保护区，必要时可以在饮用水水源保护区外围划定一定的区域作为准水源保护区。

《饮用水水源保护区划分技术规范》（HJ 338—2018）（以下简称 2018 版标准）是对 2007 版标准的第一次修订。2018 版标准通过明确适用范围、转变划分技术原则、补充保护区划分技术步骤、增加划分技术方法及适用条件、完善技术文本编制和保护区图件制作要求等进行了多方面修订。

一是 2018 版标准明确了适用范围，适用对象仅为集中式饮用水水源地。

二是技术步骤更清晰，对划分工作的指导性更强。保护区划分步骤包括开展基础状况调查、确定划分技术方法、初步确定划分结果、现场勘界、修订保护区边界、制作保护区图件和编制技术文件等环节。

三是技术方法更科学，适用条件更确定。2018 版标准中，对划分技术方法按照地表水源和地下水源、水域划分方法和陆域划分方法进行了不同层次的分类，并突出了防洪堤坝可作为河流型一级、二级水源保护区陆域边界的重要作用及适用条件，技术方法的指导性和可操作性更强。

四是地表水源各级保护区划分的目的和方法更统一。2018 版标准中，一级水源保护区以卫生防护为主，其划分方法统一为类比经验法；二级水源保护区以为防范突发环境事件准备应急响应时间和污染物降解提供所需的距离为主，划分方法可根据水源地的具体情况选择使用。

五是保护区划分成果更加规范。保护区划分的主要成果是水源保护区图件和技术文件。2018 版标准中，增加了以下内容：保护区现场勘界的要求、保护区图件制作要求和编制技术文件要求。其中，要求到现场实施定界；图件制作要求涵盖了制图比例、图件信息、基础地理图层、专题图层及制图步骤等内容；技术文件要求涉及环境状况调查、保护区规范化建设与管理要求、保护区建设投资估算和可达性分析等内容。保护区划分技术成果的规范性进一步提高，科学性、合理性和可操作性进一步增强。

二、深圳市饮用水水源保护区划定和调整历程

广东省是我国最早一批全面划定城市集中式饮用水水源保护区的省份，在 20 世纪 90 年代就开展了饮用水水源保护区划定工作，广东省城市集中式饮用水水源保护区大部分在 1998—1999 年划定，其中大部分饮用水水源保护区划定后沿用至今。

深圳市于 1998—1999 年对全市的集中式生活饮用水地表水水源保护区进行了区划，并划分了相应的一级水源保护区、二级水源保护区、准水源保护区范围。饮用水水源保护区的划定，经由广东省人民政府批复通过，首次从法律上明确了深圳全市饮用水水源保护区的名称、地理位置及分级保护的空间范围，为深圳市饮用水水源的保护和人民群众的健康作出了重要贡献。

自 1999 年方案实施二十余年来，饮用水水源保护的形势发生了一些变化。一是自 1999 年水源保护区划定方案实施后，国家与广东省进一步加强了对饮用水水源保护区的管理，新的法规不断出台，对饮用水水源保护区的建设与管理不断提出新的、更高的要求。2000 年 3 月 20 日，《中华人民共和国水污染防治法实施细则》颁布实施，2007 年 2 月 1 日，环境保护行业标准《饮用水水源保护区划分技术规范》（HJ/T 338—2007）开始实施，2007 年 7 月 1 日，《广东省饮用水水源水质保护条例》施行，2008 年 6 月 1 日，《水污染防治法》（2008 年修订）颁布实施，2010 年 7 月 14 日，广东省地方标准《饮用水水源保护区划分技术指引》（DB44/T 749—2010）实施，这些法律法规的实施，对饮用水水源保护区的建设与管理提出了新的要求。二是深圳市部分水源地取水口发生了一系列变化，原有方案已不适应新的饮用水水源保护形势。三是深圳市各县（区）城乡供水一体化和大区域供水一体化规划深入实施，水源地整合优化重新布局

迫切需要进行饮用水水源保护区优划调整。

2018 年深圳市开展了部分饮用水水源保护区的优化调整工作。一是 2018 年国家发布了《饮用水水源保护区划分技术规范》（HJ 338—2018），规范了饮用水水源保护区划定的技术规范，大部分饮用水水源保护区并未进行优化调整，有必要衔接国家的技术规范，开展饮用水水源保护区的优化调整，使得保护区划定更具科学性；二是与精准管理的需求相一致，我国饮用水水源保护区的划定工作中，由于当时技术手段不完善、测量条件有限，部分饮用水水源保护区存在边界不清、流域分水岭与实际不符或保护区范围图件与省政府批复不一致的情况，有必要对饮用水水源保护区进行优化调整，精准勘界；三是与逐步严格的法律法规相衔接。《水法》最早于 1984 年颁布实施，分别在 1996 年、2008 年、2017 年进行了三次修订，修订后对饮用水水源保护区的管理要求更加严格。比如，2008 年《水污染防治法》修订前，对饮用水水源一级保护区内已建成的与供水设施和保护水源无关的建设项目未要求拆除或者关闭，未对饮用水水源二级保护区内建设项目提出管理要求；2008 年修订后，则要求饮用水水源一级保护区内已建成的与供水设施和保护水源无关的建设项目，由县级以上人民政府责令拆除或者关闭。饮用水水源二级保护区内已建成的排放污染物的建设项目，由县级以上人民政府责令拆除或者关闭。按照修订后的《水法》，部分饮用水水源保护区划定前已存在的建筑物由合法变为不合法，因此有必要通过饮用水水源保护区优化调整来解决不合法的问题。优化调整后，明确了饮用水水源一级保护区、二级保护区和准保护区划定的技术规范，明确了各饮用水水源保护区的边界，有利于实现对饮用水水源保护区的精准严格管理。

第三节 饮用水水源保护区划分方法

一、划分原则

（1）水质保障原则

饮用水水源保护区的划定和调整，以加强饮用水水源保护、确保水源水质达标和安全作为前提条件和根本目标，水源保护区调整后，污染防治力度不得减弱，水质目标不得降低。

（2）区域统筹原则

坚持从流域整体出发，将流域系统保护与保护区特殊保护紧密结合，充分衔接城镇发展规划、土地利用规划、供水规划、交通规划等相关规划，根据供水格局，科学统筹优化全市范围内的饮用水水源保护区。

（3）科学规范原则

严格依法依规开展饮用水水源保护区统筹优化工作，严格按照国家和省级相关技术规范和指引，科学规范划定饮用水水源保护区范围。

（4）合理可行原则

饮用水水源保护区的划定应从实际情况出发，结合水源地类型，综合分析水质水量可保障性、周边区域地理和环境特征、地面径流的集水汇流特性、土地利用、堤防工程及污水收集系统建设情况，划定饮用水水源保护区。同时，在划定过程中要充分衔接《水污染防治法》的有关要求，确保水源保护区划定的合理性和可操作性。

（5）精准管理原则

坚持饮用水水源保护区划分和管理并重，按照集中式饮用水水源地规范化建设环境保护技术要求，合理配置相应工程和管理措施，对饮用水水源地实行精准严格管理。

一级水源保护区、二级水源保护区及准水源保护区是根据水流上游至下游层层包裹划定的，饮用水水源二级保护区的水在流入一级水源保护区时应保证其水质满足一级水源保护区水质标准的要求。饮用水水源准保护区的水在流入二级水源保护区时应保证其水质满足二级水源保护区水质的要求，一级水源保护区、二级水源保护区及准水源保护区位置关系如图5-1所示。

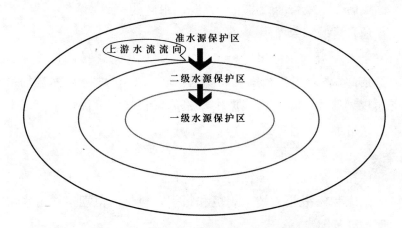

图 5-1　一级水源保护区、二级水源保护区及准水源保护区位置关系

二、划分方法

（1）饮用水水源保护区划分流程

开展饮用水水源地水量、水质状况、环境管理状况调查，分析水源地存在的水量、水质和管理问题，识别水源地主要环境问题和环境风险的情况，将其作为保护区划分的基础资料。具体调查内容应根据拟划定保护区的水源类型和采用的保护区

划分（调整）方法确定，调查深度根据保护区划分（调整）的实际需求确定。

依据不同水源地类型、取水规模、污染源分布状况、主要污染特征、取水口所在水体（水域、区域）水文和水动力条件、补径排特征等技术资料，结合环境管理、经济活动、土地利用现状及城乡规划要求，筛选出适宜的保护区划分方法，通过计算分析，合理确定各级保护区的水域、陆域范围，并初步确定保护区边界主要拐点的经纬度坐标和边界线。

编制饮用水水源保护区划分（调整）技术报告。

组织专家对保护区划分技术报告和方案进行审议。

进行保护区现场定界，最终确定主要拐点的经纬度坐标，制作饮用水水源保护区图件。

（2）地表水饮用水水源保护区划分方法

水源保护区水域的划分方法主要有经验类比法、应急响应时间法、数值模型计算法 3 种。水源保护区陆域的划分方法主要有经验类比法、地形边界法、缓冲区法 3 种。

当多种方法得到不完全相同的划分结果时，可以结合水源地区域开发、自然环境条件确定合理范围。

1）水源保护区水域划分方法

①经验类比法

经验类比法是按照相关法规、文件规定，依据统计结果和管理者的实践经验，确定保护区范围的一种方法。采用该方法划分保护区，水源地必须满足以下条件：水源地现状水质达标、主要污染类型为面源污染，且上游 24 小时流程时间内无重大风险源。

采用经验类比法划分保护区后，应定期开展跟踪监测，若发现划分结果不合理，应及时予以调整。

②应急响应时间法

应急响应时间法是在应急响应时间内，以污染物达到取水口的流程距离作为保护区长度的一种计算方法。适用于河流型水源及湖泊、水库型水源入湖（库）支流的水域保护区划分。

当饮用水水源上游点源分布较为密集或主要污染物为难降解的重金属或有毒有机物时，应采用应急响应时间法。采用该方法时，应急响应时间的长短应依据当地应对突发环境事件的能力确定，一般不小于 2 小时。

③数值模型计算法

数值模型计算法是以主要污染物浓度衰减到目标水质所需要的距离确定保护区范围的一种方法。当上游污染源以城镇生活、面源为主，且主要污染物属于可降解物质时，应采用数值模型计算法，采用该方法时，其水域范围应大于污染物从现状水质浓度水平衰减到《地表水环境质量标准》（GB 3838—2002）相关水质标准浓度所需的距离。

2）水源保护区陆域划分方法

①经验类比法

同前。

②地形边界法

地形边界法是以饮用水水源周边的山脊线或分水岭作为各级保护区边界的方法，其中，山脊线是水源周边地域的海拔最高点，分水岭是集水区域的边界。第一重山脊线可以作为一级水源保护区范围，第二重山脊线或分水岭可作为二级水源保护区或准水源保护区边界，该方法强调对流域整体的保护，适用于周边土地开发利用程度较低的地表水水源地。

③缓冲区法

缓冲区法是划定一定范围的陆域，通过土壤渗透作用拦截地表径流携带的污染物，降低地表径流污染对饮用水水源的不利影响，从而确定保护区边界的方法。缓冲地区宽度确定考虑的因素有地形地貌、土地利用、受保护水体大小及设置缓冲区的合法性等。

3）河流型饮用水水源保护区的划分

河流型饮用水水源保护区除了分为一级保护区和二级保护区外，还可在一级保护区、二级保护区的基础上细分为水域范围和陆域范围。

①水域范围

采用经验类比法，确定一级保护区水域范围。

一般河流水源地，一级保护区水域长度为取水口上游不小于1 000 m、下游不小于100 m范围内的河道水域。二级保护区长度从一级保护区的上游边界向上游（包括汇入的上游支流）延伸不小于2 000 m，下游侧的外边界距一级保护区边界不小于200 m。

②陆域范围

采用经验类比法，确定一级保护区陆域范围。

陆域沿岸长度不小于相应的一级保护区水域长度。陆域沿岸纵深与一级保护区水域边界的距离一般不小于50 m，但不超过流域分水岭范围。对于有防洪堤坝的，可以以防洪堤坝为边界，并采取相关措施，防止污染物进入保护区内。二级保护区陆域沿岸纵深范围一般不小于1 000 m，但不超过流域分水岭范围。对于流域面积小于100 km^{2}的小型流域，二级保护区可以是整个集水范围。具体可依据自然地理、环境特征和环境管理需要确定。

③准水源保护区

准水源保护区视水源地实际情况而选择性划定，划分方法参照二级水源保护区的划分方法。

河流型水源地保护区划分概化如图5-2所示。

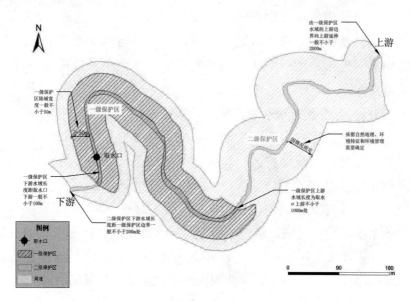

图 5-2　河流型水源地保护区划分概化

4）湖泊、水库型饮用水水源保护区的划分

湖泊、水库型饮用水水源保护区与河流型一样，除了分为一级保护区和二级保护区外，还可在一级保护区、二级保护区的基础上细分为水域范围和陆域范围。

①水域范围

采用经验类比法，确定一级保护区、二级保护区水域范围。

大中型湖泊、大型水库保护区范围为取水口半径不小于500 m 范围内的区域，小型湖泊、中型水库保护区范围为取水口半径不小于 300 m 范围内的区域。大中型湖泊、大型水库以一级保护区外径向外距离不小于 2 000 m 的区域为二级保护区水域面积，小型湖泊、中小型水库一级保护区边界外的水域面积设定为二级保护区，但不超过水域范围。

②陆域范围

采用缓冲区法或经验类比法确定一级保护区、二级保护区陆域范围。

所有类型的湖泊、水库为一级保护区水域外不小于200 m范围内的陆域，但不超过流域分水范围。大中型湖泊、大型水库可以一级保护区外径向外距离不小于3 000 m 的区域为二级保护区范围，单一功能的湖泊、水库，小型湖泊和平原型中型水库的二级保护区范围是一级保护区水域外水平距离不小于2 000 m 的区域，二级保护区陆域边界不超过相应的流域分水岭。

③准水源保护区

准水源保护区视水源地实际情况而选择性划定，参照二级水源保护区的划分方法划分。

湖泊、水库型水源地保护区划分概化如图5-3所示。

（3）地下水饮用水水源保护区划分方法

地下水饮用水水源保护区划分的技术方法主要有经验值法、经验公式法和数值模型计算法3 种，可根据不同水源的水文地质特征和水源规模选择不同的保护区划分方法。

地下水饮用水水源保护区的划分，具备计算条件的水源地采用数值模型计算法；中小型水源可采用经验公式法；资料严重缺乏的，采用经验值法确定保护区范围。

应在收集相关水文地质勘察、长期动态观测、水源地开采现状、规划及周边污染源等资料的基础上，采用多种方法得到的结果综合确定保护区范围。同时，应开展跟踪验证监测，若发现划分结果不合理，应及时予以调整。

1）单井保护区经验值法

单井保护区经验值法是依据含水层介质类型，以单井井口为中心，依据经验值确定保护区半径的划分方法。不同含水层

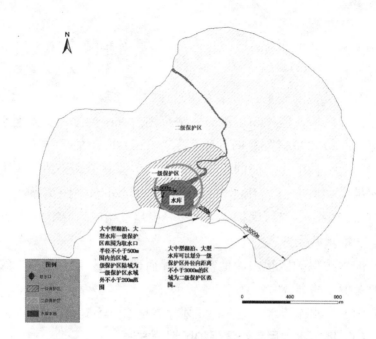

图 5-3 湖泊、水库型水源地保护区划分概化

介质的各级保护区半径如表 5-1 所示。

表 5-1 中小型潜水型水源保护区范围的经验值

介质类型	一级保护区半径 (R_1)/m	二级保护区半径 (R_2)/m
细砂	30	300
中砂	50	500
粗砂	100	1 000
砾石	200	2 000
卵石	500	5 000

注：二级保护区以一级保护区边界为起点。

该方法适用于地质条件单一的中小型潜水型水源地和水文地质资料缺乏的地区，应通过开展水文地质资料调查和收集工作来获取介质类型。

2）单井保护区经验公式法

单井保护区经验公式法是依据水文地质条件，选择合理的水文地质参数，采用经验公式计算确定单井各级保护区半径的方法。该方法适用于中小型孔隙水潜水型或孔隙水承压型水源地，不同介质类型的渗透系数和松散岩石给水度经验值可参考《环境影响评价技术导则　地下水环境》（HJ 610—2016）。

3）井群水源保护区划分法

井群水源保护区划分法是根据单个水源保护范围计算结果划分的。群井内单井之间的间距大于一级保护区半径的 2 倍时，可以分别对每口井进行一级保护区划分；井群内的井间距小于等于一级保护区半径的 2 倍时，则以外围井的外接多边形为边界，向外径向距离为一级保护区半径的多边形区域作为一级保护区。

群井内单井之间的间距大于二级保护区半径的 2 倍时，可以分别对每口井进行二级保护区划分；群井内的井间距小于等于二级保护区半径的 2 倍时，则以外围井的外接多边形为边界，向外径向距离为二级保护区半径的多边形区域作为二级保护区。

4）数值模型计算法

数值模型计算法是利用数值模型，确定污染物相应时间的捕获区，划分单井或群井水源各级保护区范围的方法。水文地质条件比较复杂的水源地应采用数值模型计算法划分地下水源保护区。

该方法需要模拟含水层介质的参数，如孔隙度、渗透系数、饱和岩层厚度、流速等。如果参数不足，则需通过对含水层进行各种实验获取。

三、饮用水水源保护区标志的设立位置

（1）一级保护区界标的设立

1）小型水库

原则上小型水库饮用水水源一级保护区界标数量不得少于4个，饮用水水源二级保护区和准保护区界标数量均不得少于3个；大、中型水库饮用水水源一级保护区界标数量不得少于6个，饮用水水源二级保护区和准保护区界标数量均不得少于3个。

对于小型水库，在取水口靠陆域一侧设立1个保护区界标（图5-4中A0点），在饮用水水源一级保护区边界按照等距离原则各设立一个界标（图5-4中A1、A2、A3点）。

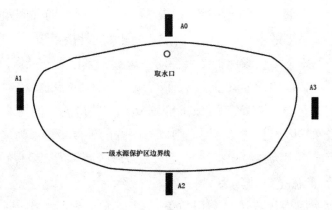

图 5-4　小型水库一级水源保护区界标设立示意图

2）大中型水库

对于大中型水库，在取水口靠陆域一侧设立1个界标（图5-5中A0点），在中型水库取水口半径500 m范围内，大型水库取水口半径800 m范围内与饮用水水源一级保护区边界相交处靠

陆域一侧各设立 1 个界标（图 5-5 中 A1 和 A2 点），在饮用水
水源一级保护区边界按照等距离原则各设立 1 个界标（图 5-5 中
A3、A4、A5 点）。

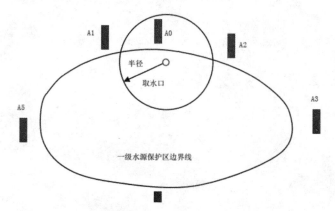

图 5-5　大中型水库一级水源保护区界标设立示意图

（2）二级保护区界标的设立

在饮用水水源二级保护区边界，遵循对称原则，按图 5-6 中
B1、B2、B3 位置各设立 1 个界标。

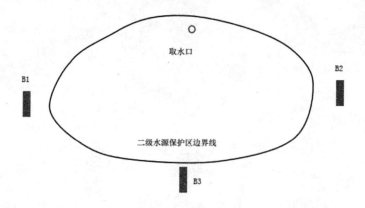

图 5-6　二级水源保护区界标设立示意图

(3) 准水源保护区界标的设立

准水源保护区内的界标设立参照二级水源保护区执行。

第四节 饮用水水源保护区建设要求

一、水源水量、水质要求

(1) 水量

设置水量标准的主要目的是控制水源超采，具体根据水源实际取水量和设计取水量关系确定。对于地下水源，实际取水量应小于或者等于设计取水量；对于地表水源，尽量不低于枯水位或者死水位取水，地表水饮用水水源取水量不应造成生态环境破坏。

(2) 水质

水源水质要满足标准的要求：地表水源一级保护区、二级保护区水质应分别满足《地表水环境质量标准》（GB 3838—2002）的要求，湖泊、水库型水源综合营养状态指数（TLI）值不大于60。地下水源水质应满足《地下水质量标准》（GB/T 14848—2017）的要求。

评价标准和评价方法依据国家生态环境主管部门的要求执行。

二、保护区建设要求

(1) 保护区划分

饮用水水源地都应当依据国家标准技术规范，结合饮用水水源地的实际情况划定饮用水水源保护区。一级水源保护区，保证水源免受人类活动的直接污染，起卫生防护的作用；二级水源保护区，在正常情况下满足水质要求，在出现饮用水水源污染的突发情况下，保证有足够采取紧急措施的时间和缓冲地带，起到稀释降解和增加风险防控距离的作用；准水源保护区则是为了在保障水源水质的情况下兼顾经济发展，通过对其提出一定的防护和风险防范措施要求来保证饮用水水源水质，起到协调水源保护和经济发展之间矛盾的作用。

（2）保护区标志设置

饮用水水源保护区标志包括饮用水水源保护区界标、饮用水水源保护区交通警示牌和饮用水水源保护区宣传牌。

饮用水水源保护区界标是在饮用水水源保护区的地理边界设立的标志，标识饮用水水源保护区的范围，并警示人们需谨慎的行为。

饮用水水源保护区交通警示牌是警示车辆、船舶或行人进入饮用水水源保护区道路或航道，需谨慎驾驶或谨慎行为的标志。饮用水水源保护区交通警示牌又分为饮用水水源保护区道路警示牌和饮用水水源保护区航道警示牌。

饮用水水源保护区宣传牌是为保护当地饮用水水源而对过往人群进行宣传教育所设立的标志。可根据实际需求设计宣传牌上的图形和文字，如介绍当地饮用水水源保护区的地形地貌、划分情况、保护现状、管理要求等。

（3）隔离防护

在人群密集、生产生活活动频繁的区域开展一级保护区隔离防护设施建设，是防止人类接近水源一级保护区和取水口的重要手段。因此，在一级保护区周边人类活动频繁的区域需要设置隔离防护设施；在突发水环境污染事件可能影响取水口的水质安全，保护区有道路穿越、输油输气管道穿越的水源地，需要建设防撞护栏、事故导流槽和应急池等设施；在穿越保护区的输油、输气管道采取防泄漏措施，必要时设置事故导流槽。

三、保护区整治要求

保护区综合整治主要包括一级水源保护区、二级水源保护区及准水源保护区的整治 3 个部分，主要是为了分区明确环境管理的具体要求及水源规范化建设的具体内容。

（1）一级水源保护区

一级水源保护区整治要求主要依据《水污染防治法》的以下条款制定：

第六十五条 禁止在饮用水水源一级保护区内新建、改建、扩建与供水设施和保护水源无关的建设项目；已建成的与供水设施和保护水源无关的建设项目，由县级以上人民政府责令拆除或者关闭。禁止在饮用水水源一级保护区内从事网箱养殖、旅游、游泳、垂钓或者其他可能污染饮用水水体的活动。

第七十三条 国务院和省、自治区、直辖市人民政府根据水环境保护的需要，可以规定在饮用水水源保护区内，采取禁止或者限制使用含磷洗涤剂、化肥、农药以及限制种植养殖等措施。

依据上述条款，一级水源保护区不应设置与供水和保护水源无关的建设项目；无排污口，无畜禽养殖、网箱养殖、旅游、游泳或其他可能污染饮用水水源的活动。由于各种原因，一级水源保护区目前存在农业种植活动，控制难度大，为此，标准中明确了保护区内无新增农业种植和经济林的要求。对保护区划定前已有的农业种植，则要求严格控制化肥、农药等非点源污染并逐步退出。对保护区划分前已经合法存在的建设项目、排污口和其他人类活动，法律条款也作了专门规定。

（2）二级水源保护区

二级水源保护区整治要求主要依据《水污染防治法》的以下条款制定。

第六十六条 禁止在饮用水水源二级保护区内新建、改建、扩建排放污染物的建设项目；已建成的排放污染物的建设项目，由县级以上人民政府责令拆除或者关闭。在饮用水水源二级保护区内从事网箱养殖、旅游等活动的，应当按照规定采取措施，防止污染饮用水水体。

依据上述条款，二级保护区内应无新建、改建、扩建的排放污染物的建设项目。保护区划定前已建成的排放污染物的建设项目，应拆除或者关闭，并在原址开展生态修复；二级保护区内不得存在工业和生活排污口。鉴于二级保护区内现分布有较多的城镇、乡镇和农村，且难以搬迁，为避免城镇生活污水对水源二级保护区的影响，《水污染防治法》规定二级保护区内城镇生活污水经收集后引到保护区外处理排放，或全部收集到污水处理厂（设施），处理后引流到保护区下游排放；针对生活垃圾及其他污染源对水源可能产生的影响，《水污染防治法》要求城镇垃圾全面实现集中收集并在保护区外无害化处置。此外，《水污染防治法》还要求二级保护区内无易溶性、有毒有害废弃物转运站、化工原料、矿物油类及有毒有害矿产品的堆放场所，城镇生活垃圾转运站做好防渗漏措施，规模化畜禽养殖场（小区）全部关闭。

对于非点源污染控制，《水污染防治法》作了以下规定：
①科学种植和非点源污染防治。
②分散式畜禽养殖废物全面实现资源化利用。
③逐步减少网箱养殖总量，实行生态养殖，防止水体污染。
④农村生活垃圾全部实现集中收集和无害化处置。
⑤居住人口大于或等于1 000人的区域，农村生活污水实行管网统一收集、集中处理；不足1 000人的区域，采用因地制宜的技术和工艺处理处置。

此外，针对二级保护区内交通运输等潜在的环境风险，《水污染防治法》作了以下规定：

①保护区内无从事危险化学品装卸作业或煤炭、矿砂、水泥等装卸作业的货运码头，无水上加油站；

②保护区危险化学品运输管理制度健全；

③对有道路和桥梁穿越的，采取危险化学品限制运载重量、运载物资种类，限定行驶线路等管理措施；

④利用全球定位系统等设备对运输工具进行实时监控。

（3）准水源保护区

准水源保护区整治要求主要依据《水污染防治法》的以下条款制定：

第六十七条 禁止在饮用水水源准保护区内新建、扩建对水体污染严重的建设项目；改建建设项目，不得增加排污量。

第六十八条 县级以上地方人民政府应当根据保护饮用水水源的实际需要，在准保护区内采取工程措施或者建造湿地、水源涵养林等生态保护措施，防止水污染物直接排入饮用水水体，确保饮用水安全。

第六十九条 县级以上地方人民政府应当组织环境保护等部门，对饮用水水源保护区、地下水型饮用水水源的补给区及供水单位周边区域的环境状况和污染风险进行调查评估，筛查可能存在的污染风险因素，并采取相应的风险防范措施。饮用水水源受到污染可能威胁供水安全的，环境保护主管部门应当责令有关企业事业单位和其他生产经营者采取停止排放水污染物等措施，并通报饮用水供水单位和供水、卫生、水行政等部门；跨行政区域的，还应当通报相关地方人民政府。

依据上述条款，对于准水源保护区整治，《水污染防治法》规定了以下内容：

①对重污染行业的种类、工业园区污染源排放以及不达标

水源的总量控制，规定准水源保护区内不得新建、扩建对水体污染严重的建设项目，改建的项目不得增加排污量。

②地表水源准水源保护区内的工业和生活排污口全部达标排放。

③在此基础上，水源水质仍不达标的，应实施污染物的容量总量控制。

④对工业园区的污水排放，要求一类污染物达到车间排放要求、常规污染物达到间接排放标准后进入园区污水处理厂集中处理。

⑤禁止毁林开荒，建设水源涵养林。

四、监控能力建设要求

(1) 常规监测

1) 监测断面设置

水质监测断面参考《污水监测技术规范》（HJ/T 91.1—2019）设置并满足以下要求：

河流型饮用水水源：在取水口上游一级保护区、二级保护区水域边界至少各设置 1 个监测断面。

湖泊、水库型饮用水水源：在取水口周边一级保护区、二级保护区水域边界至少各设置 1 个监测点位。

地下水型饮用水水源：可在抽水井设置监测点；不具备条件的，可在水厂汇水池（加氯前）设置监测点。

2) 监测指标及频次

按照各级生态环境主管部门每年下达的监测计划实施。

依据《地表水环境质量标准》（GB 3838—2002）对饮用水水源一级保护区、二级保护区水质分级的要求，水源水质监测断面的设置在满足《污水监测技术规范》(HJ/T 91.1—2019)及《全国集中式生活饮用水水源地水质监测实施方案》（环办函〔2012〕1266号）要求的基础上，按照不同保护区级别，对地表水水源保护区边界提出了增设水质监测断面的要求。

对于单井取水地下水水源，可在抽水井设置监测点；对于多井取水水源，有条件进行多井监测的，可以分别设监测点监测，水质指标的监测值为该指标多井监测值的均值，不具备条件的，可在水厂汇水池（加氯前）设置监测点。

饮用水水源的监测指标和监测频次，按照国家和省级生态环境主管部门每年下达的监测任务实施。

（2）预警监控

饮用水水源地的类型和规模不同，预警监控的设置要求也不同，这体现了分级管理的原则。

日供水规模超过10万m³（含）的河流型水源地，预警监控断面设置在取水口上游如下位置：① 2小时及以上流程水域；② 2小时流程水域内的风险源汇入口；③跨省级及地市级行政区边界，并依据上游风险源的排放特征，优化监控指标和频次。对于潮汐河流，可依据取水口下游污染源分布及潮汐特征在取水口下游增加预警监控断面。

日供水规模超过20万m³（含）的湖泊、水库型水源地，依据上游风险源的排放特征，优化监控指标和频次。综合营养状态指数（TLI）值大于60的湖泊、水库型水源地开展水华预警监控。

预警监控断面不等同于水质自动监测站的监控断面，主要差别体现在监测点位置、监测指标、监测目的、服务对象等几个方面。流程时间确定为2小时，这是保证一旦发生突发性水污染事件，能有采取控制污染、避免影响取水口水质安全的最短的时间。预警监控指标的选取，要充分考虑上游风险源的特征，并尽可能采取《地表水环境质量标准》（GB 3838-2002）相关指标，力求用最简单的指标，快速反映上游水质的异常变化。对于湖库型水源地，可选择藻类密度作为反映水体藻类数量变化的预警指标，开展水华预警监控。

（3）视频监控

视频监控主要是利用摄像头对取水口和一级保护区范围内的环境进行实时监控，主要是防止人类活动、交通运输等行为影响取水口水质的安全。饮用水水源地类型和规模不同，则视频监控的设置要求不同。日供水规模超过 10 万 m^3（含）的地表水饮用水水源地，在取水口、一级保护区及交通穿越的区域安装视频监控；日供水规模超过 5 万 m^3（含）的地下水饮用水水源地，在取水口和一级保护区安装视频监控。

为实现数据共享，及时发现取水口附近的突发环境事件，饮用水水源地视频监控系统与水厂和生态环境部门的监控系统平台实现数据共享。

第五节　饮用水水源保护措施

一、政府管理对策

饮用水水源保护区分为地表水饮用水水源保护区和地下水饮用水水源保护区，地表水饮用水水源保护区包括一定范围的水域和陆域，地下水饮用水水源保护区指影响地下水饮用水水源地水质的开采井周边及相邻的地表区域。

饮用水水源地（包括备用的和规划中的）都应设置饮用水水源保护区。饮用水水源存在以下情况之一的，应增设准保护区：①因一级保护区、二级保护区外的区域点源、面源污染影响导致现状水质超标，且主要污染物浓度呈上升趋势的水源；②湖库型水源；③流域上游风险源密集，密度大于 0.5 个 /km² 的水源；④流域上游社会经济发展速度较快，存在潜在风险的水源。此外，地下水型饮用水水源补给区也应划分为准保护区。

饮用水水源保护区的设置应纳入当地社会经济发展规划、城乡规划、水污染防治规划、水资源保护规划和供水规划；跨县级及以上行政区的饮用水水源保护区的设置应纳入有关流域、区域、城市社会经济发展规划和水污染防治规划。

在水环境功能区和水功能区划分中，应优先考虑饮用水水源保护区的设置和划分，并与水环境功能区和水功能区相衔接；跨县级及以上行政区的河流、湖泊、水库、输水渠道，应协调两地的水环境功能区划和水功能区划，其上游地区不得影响下游（或相邻）地区饮用水水源保护区对水质的要求，并应保证下游有合理的水资源量。

饮用水水源保护区的水环境监测与污染源监督应作为监督

管理工作重点，纳入地方环境管理体系中，若不能满足保护区规定的水质要求，应及时扩大保护区范围，加强污染治理。

对现有饮用水水源地进行评价和筛选；对于因污染已无法满足饮用水水源水质要求且经技术、经济论证后证明饮用水功能难以恢复的水源地，应有计划地选址建设新水源地。

（1）开展富营养化监测预警研究试点

针对重点水库水质存在轻度富营养化现象、有暴发水华风险的问题，建议试点开展富营养化、水华监测预警体系研究。掌握水库富营养化各项指标及藻类种属组成、生长情况的基底数据，从监测指标选取、监测断面布设、应对措施和保障机制等诸多方面开展研究论证，识别藻类季节更替模式与各类营养物质间的关系，以建立水库富营养化与水华相辅相成、相互佐证的双重预警体系，为各地防范富营养化风险、强化饮用水水源水质保护提供重要支撑。

（2）建立流域水库预警会商机制

建议与上游城市建立水质预警会商机制，定期调度流域的水质状况，追溯水质问题成因并及时处理。建立上游水质异常即刻向下游发出预警的高效互联互报体系，当发生突发水质污染事件时迅速响应，从管理决策层面提出切实有效的应对办法，合力防控污染物质及富营养化风险对水质安全的影响。

（3）对入库河流分类整治

对于直接入库的河流，应重点关注河流的水质状况，加快完善上下游建成区的支管网建设，同时对入库河流流域内的农田、菜地和果园加强监督管理，积极推进测土配方施肥和农药减量控害增效工程，严格控制农药、化肥用量和种类，修筑截污设施防止农业面源污染直接入库，适时开展退果还林活动；对于经分散处理入库的河流，应升级改造现有分散处理设施，提升设施处理能力，推进建成区污水管网、雨污分流、正本清源等工程建设，从源头削减污染负荷，保障入库水质稳定达标；对于已截排但存在溢流风险的重污染河流，应加快水质保障工程建设及雨污分流管网建设，全面提升改造已有截排设施，实现入库河流污染的源头削减、过程控制，彻底解决雨季溢流问题对水库水质造成的不利影响。

（4）开展监测数据的对比评价

目前，除生态环境主管部门外，市水务部门、上级水利部门及个别水库管理部门也开展对饮用水水源水质的常规监测，为科学全面地反映水质状况与变化趋势，应开展不同来源监测的数据对比分析，评价水质监测数据来源的实效性和科学性，以及能否为风险预警和决策管理提供科学指导。

（5）健全跨区域性水源地生态补偿机制

研究建立跨区域性水源地生态补偿机制，借鉴西方国家征收水资源税等的经验，拓展生态补偿资金来源，采用政策补偿、实物补偿等多种形式，推动区域经济、环境、资源、人口的动态平衡发展，从而保障跨区域调水水质。

二、保护区环境管理措施

统一更新水源地保护区标志设置。统一水源地保护区标志的设计与内容，对全市饮用水水源保护区标志进行拆旧更新，强化对饮用水水源保护区的监督管理。

持续推进隔离防护工程建设。根据全市新保护区优化调整范围，多方协调推进未征转土地的移交管理工作，确保水源水库管理部门对保护区土地的管理权，整治后的区域视情况进行生态修复，进一步更新、补充完善一级水源保护区隔离围网建设，防范人类活动对水源地环境管理工作的干扰，保障水源地水质安全。

（1）强化风险防控能力

提高饮用水水源地环境风险防范意识，提升对饮用水安全突发环境事件的防范和处置能力，定期开展针对饮用水水源地的风险评估和风险源名录的更新修编工作，推动饮用水水源地环境风险防控方案的制定，避免或减少饮用水突发环境事件的发生，最大限度地保障公众健康和人民群众的饮水安全。

（2）推动应急体系建设

强化饮用水水源突发环境事件的应急体系建设，督导各水库管理部门制定"一源一案"并向上级生态环境部门备案，按照相关技术要求完善应急防护工程建设，组织实施针对突发环境事件的应急演练、应急物资与技术储备；编制面向全市的突发环境事件应急处置技术方案，并协调交通管理部门完善交通穿越道路风险防范与应急工程建设，有效防范和降低交通事故造成的突发环境事件对饮用水水质安全的不利影响；优化调用人才机制，建立应急专家库，做好水源地应急能力建设中的智力储备；联合市监测中心站和市生态环境监测站共同建设应急监测能力，遇到突发环境事件时能够快速获取污染物信息并及时实施相应的应急处置技术方案。建议在未来5年内建设一套涵盖事前精确预警、事中迅速处置和事后妥善消除影响的系统、有序的应急处理体系。

（3）优化水源地档案管理制度

完善水源地档案管理制度，规范化开展"一库一档"建设，推进饮用水水源地环境管理档案数字化，推进对水源地环境状况的全方位、精细化管理。

（4）加强水库管理部门的信息沟通

水源地管理涉及生态环境部、水利部、住房和城乡建设部、自然资源部、农业农村部、林草局、交通运输部、公安部等多个部门，建议在建设社会主义先行示范区的背景下，促成建立多部门信息共享沟通机制，疏通积极有效的沟通渠道，将水源地建设融入城市基础设施建设和社会经济发展规划。水库管理部门之间实现即时信息互通，加强在水文水质监测、实时监控、风险防范、调查评估和整治督察等方面的沟通交流，在明确各部门水源保护职责的前提下，形成部门合力，提高全市饮用水水源环境管理精细化、规范化水平，防止"管理缺位"和"各自为政"现象发生，从而高效地保护水源地环境。

（5）扩大公众知情权，健全水源保护的公众参与机制

饮用水水源提供公共产品和服务，公众有知情权和监督权，建议在现有保护区标志及告示牌的基础上，扩大信息公开范围，比如，公开水质监测点位信息、水质数据、改善水质所采取的措施、保护区范围及要求等，培养公众参与水源保护的积极性，做到自我约束，并对他人或集体作出的有可能影响水质的行为加以制止或举报，从而实现公众参与，充分发挥舆论监督作用。

（6）推进乡镇级水源地环境保护工作

开展饮用水水源地区划修编工作，督促相关部门开展保护区界标更新设立、隔离围网工程和监控体系建设，推进保护区综合整治，统筹环境风险源排查和构建突发环境事件应急体系，补齐乡镇饮用水水源地环境保护工作短板，防范水源周边环境风险，以保障水源地环境安全。

三、建设水源地保护体制机制

（1）建立评估指标体系

编制饮用水水源地规范化建设评估指标体系，将饮用水水

源地环境管理工作量化考核，从而进一步提升规范化建设水平，以满足深圳市饮用水水源地管理需求。

（2）实施立法保护

制定法律法规，对饮用水水源实行水源保护区划线和基本生态控制线的"双铁线"保护，实施最严格的水资源管理和土地管理制度，促进饮用水水源保护区的协调发展。

四、饮用水水源地保护工程措施

饮用水水源地保护工程是保护饮用水安全的重要措施，城市饮用水水源地保护工程方案，直接影响饮用水的安全与否，是非常重要的。保护工程方案是在水源保护区划分和水源地安全状况评价的基础上制定的。各城市在划分的饮用水水源保护区范围内，根据水源地的重要性和具体特点，有针对性地制定保护工程方案。如果水源地被评为"不安全"，说明该水源地已经受到较重污染，应采取全面的保护和治理措施；被评为"安全"和"基本安全"的水源地，根据需要主要采取隔离防护等基本的保护工程措施。水源地保护工程方案思路是在饮用水水源保护区建立隔离防护、综合整治、修复保护体系。

隔离防护是指通过在保护区边界设立物理或生物隔离设施，防止人类活动等对水源地保护和管理的干扰，拦截污染物直接进入水源保护区。综合整治是指通过对保护区内现有点源、面源、内源、线源等各类污染源采取综合治理措施，对直接进入保护区的污染源采取分流、截污及入河、入渗控制等工程措施，阻隔污染物直接进入水源地水体。修复保护是指通过采取生物和生态工程技术，对湖库型水源保护区的湖库周边湿地、环库岸生态和植被进行修复和保护，营造水源地良性生态系统。鉴于修复保护工程是新兴的技术方法，发展较快，各城市在采用此类工程措施时，应根据水源地的具体特点，达到保护水源地的目的。

（1）地表水饮用水水源地保护及综合整治工程

在地表水饮用水水源保护区边界建设隔离防护工程，对饮用水水源保护区内的污染源和直接进入保护区的入河排污口进行综合治理，提出排污口封闭、搬迁、分流，面源治理，固体废物清理处置，污染底泥清淤等措施的工程方案。

1）饮用水水源准保护区入河污染物控制

以饮用水水源准保护区为单元，结合相应的水功能区划，计算相应的水功能区污染物入河量与纳污能力，并根据饮用水水源准保护区内规划水平的年污染物排放量，提出入河削减量、相应的排放削减量及总量控制方案，具体方法参照《全国水资源综合规划技术细则》，并利用《全国水资源综合规划》中水资源保护部分有关规划成果进行控制。

2）地表水水源地隔离防护工程

在主要饮用水水源保护区应设置隔离防护设施，包括物理隔离工程（护栏、围网等）和生物隔离工程（如防护林），防止人类活动对水源保护区水量、水质造成影响。

隔离工程原则上应沿着水源保护区的边界建设，各地可根据保护区的大小、周边具体情况等因素，合理确定隔离工程的范围和工程类型。

3）地表水饮用水水源保护区污染源综合整治工程

①保护区点污染源综合整治工程

根据《水法》第三十四条、《水污染防治法》第二十条及《饮用水水源保护区污染防治管理规定》的规定，在保护区内禁止从事可能污染饮用水水源的活动，禁止开展与保护水源无

89

关的建设项目，并按照生活饮用水保护区水源保护的有关规定，加强对保护区的管理和监督。

饮用水水源保护区污染源治理包括工业和生活污染点源治理、人口搬迁、集中式禽畜养殖污染控制等治理工程。

A.工业和生活污染点源治理

对饮用水水源保护区内污染点源以及入河排污口按照有关法律规定进行关停。提出工业、生活污染源治理的工程方案，明确治理项目类型、所属行政区、行业，估算治理后的废、污水削减量及污染物削减量。

B.人口搬迁

为保护饮用水水源保护区水质，应对保护区内的人口进行搬迁，提出搬迁人口及相应投资方案。

C.集中式禽畜养殖污染控制

根据国家环境保护总局第9号令《畜禽养殖污染防治管理办法》中禁止在饮用水水源保护区内新建畜禽养殖场，对原有养殖业限期搬迁或关闭等有关规定，提出饮用水水源保护区内养殖厂搬迁或关闭计划。暂时不能搬迁的要采取防治措施，严格按照《畜禽养殖业污染防治技术规范》《畜禽养殖业污染物排放标准》执行。对畜禽养殖场排放的废水、粪便要集中处理，规模化养殖场清粪方式要由水冲方式改为干捡粪方式；畜禽废水不得随意排放或排入渗坑，必须经过处理后达标排放；畜禽废渣要采取堆肥还田、生产沼气、制造有机肥料、制造再生饲料等方法进行综合利用。

②保护区面源污染控制工程

饮用水水源保护区内面源污染控制工程主要是农田径流污染控制工程，通过坑、塘、池等工程措施，减少径流冲刷和土壤流失，并通过生物系统拦截净化面源污染。同时，提出农田径流污染控制工程内容。

③保护区内源污染治理工程

内源污染主要是指水下沉积物的污染释放、水产养殖、流动污染线源三部分。

A.底泥治理工程

对底泥污染严重并列水质造成不利影响的饮用水水源保护区，应根据底泥污染和影响水质的程度拟订底泥清淤方案。

B.水产养殖治理工程

水产养殖尤其是网箱养鱼污染对周围水体的影响较大，水平方向将影响 300 ～ 500 m；在垂直方向上，越是深水处和接近底泥的部位，沉于底泥的残饵、鱼类粪便的二次污染导致的水体污染浓度越大。参照以往数据，饵料系数一般为 2.5（鱼每生长 1 kg 需 25 kg 饵料），饵料中氮、磷含量分别为 3.29% 和 0.50%，鱼对氮、磷的吸收率分别为 1.7% 和 24%。因此，网箱养鱼对水质影响的问题绝不可忽视，在饮用水水源保护区应禁止水产养殖。

C.流动污染线源治理

在饮用水水源保护区内对包括航运、水上娱乐等流动污染线提出禁止、限制、设备改造等治理措施。

（2）湖库型饮用水水源保护区

生态修复与保护工程对于重要的湖库型饮用水水源保护区，在采取隔离防护及综合整治工程方案的基础上，还可有针对性地在主要入湖库支流、湖库周边及湖库内建设生态防护工程，通过生物净化作用改善入湖库支流和湖库水质。但应特别注意生态修复工程中植物措施的运行管理与保障措施，以免对水体水质造成负面影响。入湖库支流生态修复与保护工程有以下5种。

1）生态滚水堰工程

对污染严重且有条件的入湖库支流下游，可建设生态滚水堰工程，形成一定的回水区域，增加水流停留时间，提高水体的含氧量。同时，可根据实际情况在滚水堰上游的湿地和滩地营造水生和陆生植物种植区，提高水体的自净能力。水生植物的选择应以土著物种为主，它们适应当地条件，具有较强的污染物吸收能力，便于管理。

2）前置库工程

对污染严重且有条件的湖库型饮用水水源地，可在支流口建设前置库，一方面可以减缓水流，沉淀泥沙，同时去除颗粒态的营养物质和污染物质；另一方面通过构建前置库良性生态系统，降解和吸收水体和底泥中的污染物质，蓄浑放清，改善水质。在满足防洪要求的前提下，合理选择拦河堰的堰址和堰高，因地制宜地布置前置库生物措施，合理选取适应性、高效性和经济性的生物物种。

3）河岸生态防护工程

通过对支流河岸的整治、基底修复，种植适宜的水生、陆生植物，构成绿化隔离带，维护河流良性生态系统，兼顾景观美化。

4）湖库周边生态修复与保护工程

对湖库周边生态破坏较重区域，结合饮用水水源保护区生物隔离工程建设，在湖库周边建立生态屏障，减少农田径流等面源对湖库水体的污染，减轻波浪的冲刷影响，减缓周边水土流失。对湖库周边的自然滩地和湿地应选择合适的生物物种进行培育，为水生和两栖生物等提供栖息地，保护生态系统。

5）湖库内生态修复与保护工程

对于生态系统遭到破坏，水污染、富营养化较重、存在蓝藻暴发等问题的湖库，可在湖库内采取适当的生态防护工程措施，保障水源地供水与生态安全。

在取水口附近及其他合适区域布置生态浮床，选择适宜的水生植物物种进行培育，通过吸收和降解作用，去除水体中的氮、磷营养物质及其他污染物质。生态浮床宜选择比重小、强度高、耐水性好的材料构成框架，其上种植能净化水质的水生植物。在受蓝藻暴发影响较大的取水口，应采取适当的生物除藻技术或建设人工曝气工程措施减轻蓝藻对供水的影响。

（3）地下水饮用水水源地保护及污染综合整治工程

1）重要地下水水源保护区隔离工程

在重要地下水饮用水水源保护区应建设隔离工程，包括物理隔离工程（护栏、围网等）和生物隔离工程（如防护林），防止人类不合理的活动对水源保护区水量、水质造成影响。

隔离工程原则上应沿着水源保护区的边界建设，各地可根据保护区的大小、周边污染情况等因素合理确定隔离工程的范围。

2）地下水水源地污染控制工程

在重要地下水饮用水水源保护区内禁止污水灌溉，严禁施（使）用化肥、农药，严格禁止采用渗坑、渗井等向地下排污；保护区内各种建筑物施工必须得到卫生防疫部门和水资源管理部门的同意才可进行。在准保护区内科学控制污水灌溉用水定额，控制化肥、农药的施（使）用量。

①地表污染综合治理

治理地表各类污染源是防止地下水污染、改善地下水水质的根本措施，应根据具体地下水源污染状况和原因提出地表污染源综合治理工程方案。

②地下水污染治理

地下水受到污染后，应根据污染状况、范围、性质和使用要求，通过经济技术比较来确定多种适宜可行的治理措施。

（4）城市湖库型水源地泥沙和面源污染控制工程生物措施

城市湖库型水源地在准保护区及主要汇流区内的水土流失和面源污染是影响水质、水量的主要问题，必须采取水土保持综合措施进行治理。

1）治理措施体系

水土流失的治理遵循"预防为主、保护优先"的原则，进行保护区内山、水、田、林、路综合治理，构筑水土保持三道防线。在水土流失和面源主要产生区域，采取水土保持综合措施控制水土流失和面源污染。在人烟稀少地区，以生态自然修复为主，采取封育管护措施；在人口相对集中的农业生产区，以小流域为单元，进行综合治理，在坡面和沟道采取相应的工程和植物措施，布设坡改梯及坡面配套工程、沟道防护工程、水土保持林草和保土耕作措施；因地制宜地采取能源替代建设、舍饲养畜等措施；调整农业种植结构，发展节水灌溉，减少化肥、农药的施（使）用量，对农村生活垃圾和污水进行处理，控制进入湖库的泥沙和面源污染。

2）水土保持综合措施——自然修复措施

生态修复：生态修复是解决疏林地、采伐迹地等水土流失问题极为经济、有效的措施。由于天然次生林得到恢复和保护，其涵养水源的生态功能得到充分的发挥，在水源地保护过程中，能发挥重要作用。

封育管护：在人口稀少地区，实行封山禁牧，设置必要的网围栏和封禁标牌，限制人畜活动；对于疏幼林采取补植措施，依靠生态自我修复自然保水。

能源替代：修建沼气池，采取"猪—沼—果"等生态农业模式。有条件的地区可以根据实际情况开展小水电替代燃料工程建设，以保护自然植被。

舍饲养畜：以农户为单位建设和改造牲畜圈，对牲畜实施圈养。

3) 综合治理措施

针对沟道水土流失采取谷坊、拦沙坝、淤地坝、溪沟整治、治塘筑堰等水土流失控制措施；针对坡面水土流失采取坡改梯、配套坡面工程（蓄水池、沉砂池、排灌沟渠、田间道路、等高植物篱）、营造水土保持林草（水土保持林、经济林果、种草）等水土流失控制措施。

统筹考虑水源地规划区粮食、生活能源和经济发展需求，调整农业种植结构，控制耕地和园地等生产用地，扩大林草地等生态用地。对于大于25亩的陡坡耕地，逐步退耕还林还草，因地制宜地确定还林和还草的比例。

4) 农村面源污染控制措施

对农村生活垃圾和污水采取集中堆放、收集和处理等措施，结合社会主义新农村建设，建设小型污水净化处理设施和农村生活垃圾集中处理场，以自然村为单位进行垃圾处理；结合舍饲养畜进行牲畜圈改造，结合沼气池建设进行厕所改造，减少降雨冲刷造成污染物的流失；对农业用地提出农药、化肥减量，节水农业要求及技术推广方案，逐步禁止高毒、高残留农药、化肥的使（施）用。

本章参考《饮用水水源保护区标志技术要求》（HJ/T 433—2008）、《深圳市饮用水水源保护区标志设置指引》（DB 4403/T 136—2021）、《深圳市饮用水源保护区巡查工作手册》等文件。

第六章
饮用水水源保护
——我们在行动

第一节 公众参与

公众认为生态环境部门公开的环境信息不完整时，可以依照国家有关信息公开的规定申请生态环境主管部门公开相关信息。

公众对生态环境主管部门的工作提出意见和建议并明确要求予以回复的，受理的生态环境主管部门应当在 15 个工作日内进行说明和答复。

对污染环境、破坏生态、损害社会公共利益的行为，符合法定条件的环保社会组织可依法向人民法院提起环境公益诉讼。

第二节 懂法守法

公众不能在饮用水水源保护区内垂钓、游泳，此行为属于个人娱乐行为，但是如果是在饮用水水源保护区内，任何可能污染饮用水水体的活动都是禁止的。我国《水污染防治法》规定，禁止在饮用水水源一级保护区内从事网箱养殖或组织旅游、垂钓或者其他可能污染饮用水水体的活动。在饮用水水源一级保护区内从事网箱养殖或者组织进行旅游、垂钓或者其他可能污染饮用水水体的活动的，由县级以上地方人民政府环境保护主管部门责令停止违法行为，处 2 万元以上 10 万元以下的罚款。个人在饮用水水源一级保护区内游泳、垂钓或者从事其他可能污染饮用水水体的活动的，由县级以上地方人民政府环境保护主管部门责令停止违法行为，可以处 500 元以下的罚款。

第三节　文明行为

为了保护饮用水水源，任何人不能在饮用水水源保护区内垂钓、游泳、洗衣服、洗菜。不能在饮用水水源保护区内进行养殖，不能在饮用水水源保护区及周边区域的农田施（使）用化肥、农药；不得违规在饮用水水源地及周边重要区域堆放废物，更不能向河道内丢弃生活垃圾。

第四节　公众的监督与举报

作为饮用水水源地附近的居民，为了保护宝贵的饮用水水源，我们可以做到：认真阅读《深圳经济特区饮用水水源保护条例》的内容，遵纪守法，不做与法律法规相违背的事，发现有污染饮用水水源（如私设排污口）、破坏饮用水水源保护设施（如砍伐防护林、破坏隔离网）等行为，应立即向当地饮用水水源地保护区巡查员、当地生态环境部门或公安机关报案，有条件的还应及时拍照取证。

水源相关监督举报一般有 4 种主要途径：环保举报热线电话"12369"、"12369 环保举报"公众号、"12369"网络举报平台网站、环保部门官方微博。

环保举报热线电话"12369"

第一步：看到污染，拍照留下证据。

第二步：拨打"12369"（如跨地区需要加区号），"12369"属于 24 小时热线电话。

第三步：向接线员说清楚所举报的水源问题、地点（参考物或地理坐标）、问题的描述，并向接线员提出希望在 15 个工作日内回复处理结果的要求。

"12369 环保举报" 微信公众号

第一步：没有关注"12369 环保举报"微信公众号首先关注公众号，进入公众号后选择"我要举报"。

第二步：填写您的基本通讯信息。

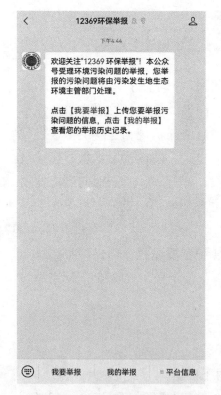

第一步：没有关注"12369 环保举报"微信公众号首先关注公众号，进入公众号后选择"我要举报"。

第二步：填写您的信息。

第三步：选择污染描述关键词。点击界面中"其他"选项，可以选择水污染的类型，往下拉到最后选择生态破坏中的水源地破坏。

第四步：填写具体饮用水源问题举报信息，包括现场照片、问题等。确认填写信息完成后，确定提交举报信息。

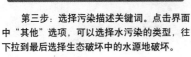

第三步：选择污染描述关键词。点击界面中"其他"选项，可以选择水污染的类型，往下拉到最后选择生态破坏中的水源地破坏。

第四步：填写具体饮用水源问题举报信息，包括现场照片、问题等。确认填写信息完成后，确定提交举报信息。

"12369"网络举报平台网站

第一步：访问"12369"网络举报平台网址（http://1.202.247.200/netreport/netreport/index），选择"我要举报"。

第二步：选择要举报的水源问题的地点。

第三步：在"举报详情"中，填写相关信息、水源问题的描述、选择污染类型、上传证据照片，最后提交确认。

环保部门官方微博

各地环保部门在微博上都有官方平台，描述水源问题位置并上传证据照片后，@官方平台。

保护饮用水水源安全，是每个公民的义务，让我们一起爱护水资源，保护水资源。